普通高等教育 "十四五" 规划教材

MS Office
高级应用教程

主编　牛莉　刘卫国

中国水利水电出版社

www.waterpub.com.cn

·北京·

内 容 提 要

本书结合全国计算机等级考试"二级 MS Office 高级应用与设计"的考试要求以及当前高等院校大学计算机基础教学的实际需要编写而成。全书主要内容包括 Word 文档编辑与美化、Word 表格与图文混排、长文档的编辑与管理、文档审阅与邮件合并、Excel 工作表制作与数据计算、Excel 图表操作、Excel 数据分析与管理、Excel 宏与数据共享、PowerPoint 演示文稿内容编辑、PowerPoint 演示文稿外观设计、PowerPoint 演示文稿交互设计、PowerPoint 演示文稿保护与输出。本书结合案例分析，突出操作技能与应用能力训练。

本书可作为高等院校大学计算机基础（办公软件高级应用）课程的教材或计算机等级考试的教学用书，也可供社会各类计算机应用人员阅读参考。

图书在版编目（C I P）数据

MS Office高级应用教程 / 牛莉，刘卫国主编. --
北京 ：中国水利水电出版社，2022.12
普通高等教育"十四五"规划教材
ISBN 978-7-5226-1088-7

Ⅰ．①M… Ⅱ．①牛… ②刘… Ⅲ．①办公自动化－应
用软件－教材 Ⅳ．①TP317.1

中国版本图书馆CIP数据核字(2022)第215964号

策划编辑：周益丹　责任编辑：王玉梅　加工编辑：高辉　封面设计：梁燕	

书　　名	普通高等教育"十四五"规划教材 MS Office 高级应用教程 MS Office GAOJI YINGYONG JIAOCHENG
作　　者	主编　牛莉　刘卫国
出版发行	中国水利水电出版社 （北京市海淀区玉渊潭南路 1 号 D 座　100038） 网址：www.waterpub.com.cn E-mail: mchannel@263.net（答疑） 　　　　sales@mwr.gov.cn 电话：（010）68545888（营销中心）、82562819（组稿）
经　　售	北京科水图书销售有限公司 电话：（010）68545874、63202643 全国各地新华书店和相关出版物销售网点
排　　版	北京万水电子信息有限公司
印　　刷	三河市鑫金马印装有限公司
规　　格	184mm×260mm　16 开本　15 印张　374 千字
版　　次	2022 年 12 月第 1 版　2022 年 12 月第 1 次印刷
印　　数	0001－2000 册
定　　价	48.00 元

前　　言

　　大学计算机基础课程是高等院校的公共必修课，在培养学生的计算机应用能力与素质方面具有基础性和先导性的重要作用。办公软件是指能完成文字处理、表格处理、演示文稿制作、简单数据库处理等方面工作的一类软件，其应用范围非常广泛，大到社会统计，小到会议记录，数字化的办公都离不开办公软件的支持。可以说，在现代社会里，人人都应该学会办公软件的使用，大学生更应具备熟练的办公软件应用技能。

　　本书结合全国计算机等级考试"二级 MS Office 高级应用与设计"的考试要求以及当前高等院校大学计算机基础教学的实际需要编写而成，希望能帮助学生提高办公软件的操作与应用能力，并适应计算机等级考试的需求。

　　全书共分 12 章：Word 文档编辑与美化、Word 表格与图文混排、长文档的编辑与管理、文档审阅与邮件合并、Excel 工作表制作与数据计算、Excel 图表操作、Excel 数据分析与管理、Excel 宏与数据共享、PowerPoint 演示文稿内容编辑、PowerPoint 演示文稿外观设计、PowerPoint 演示文稿交互设计、PowerPoint 演示文稿保护与输出，每章都有相应内容的案例分析及操作方法，突出操作技能与应用能力训练。本书提供所有案例及课后习题素材，便于学生练习、巩固和提高。

　　本书可作为高等院校大学计算机基础（办公软件高级应用）课程的教材或计算机等级考试的教学用书，也可供社会各类计算机应用人员阅读参考。

　　本书由牛莉、刘卫国担任主编，其中第 1～3 章、第 5～7 章、第 9～12 章由牛莉编写，第 4 章由刘卫国编写，第 8 章由刘红军、刘秀珍编写。在编写过程中，许多老师就内容组织、体系结构提出了宝贵意见，在此表示衷心感谢。

　　由于编者水平有限，书中难免有不妥之处，恳请广大读者批评指正。

编　者

2022 年 8 月

目　　录

第 1 章　Word 文档编辑与美化

Microsoft Office 是一个套装软件，其中最常用的有 Word、Excel、PowerPoint 等，它们可以完成文字处理、数据处理、演示文稿制作。在 Word 中进行文字处理工作，首先要创建或打开一个已有的文档，用户输入文档的内容，然后进行编辑和排版，工作完成后将文档以文件形式保存，以便今后使用。文档编辑是指对文档的内容进行增加、删除、修改、查找、替换、复制和移动等一系列操作。在 Word 环境下，不管进行何种操作，必须遵循"先选定，后操作"的原则。当编辑处理完一份文档后，需要进一步设置文档的格式，从而美化文档，便于读者阅读和理解文档的内容。

本章知识要点包括 Office 2016 的应用界面及操作方法；Word、Excel 和 PowerPoint 各组件之间数据的共享；文档的合并、编辑、保存和保护等基本操作；符号、数学公式的输入与编辑及查找替换操作；字体、段落格式、页面布局、边框和底纹、页面背景等操作。

1.1　Microsoft Office 2016 用户界面

Microsoft Office 2016 各个组件有着统一友好的操作界面、通用的操作方法及技巧。Microsoft Office 2016 采用了以结果为导向的全新用户界面，以此来帮助用户更完善、更高效完成任务，同时界面设计美观大方、简洁明快，给人以赏心悦目的感觉。

1.1.1　功能区与选项卡

为了帮助用户更轻松、更高效地工作，在 Office 全新的用户界面中，最为突出的一个设计便是功能区。功能区横跨程序窗口顶部，取代了传统菜单和工具栏，它包含若干围绕特定方案或对象进行组织的选项卡，每个选项卡又细化为几个组。功能区能够比菜单和工具栏承载更加丰富的内容，包括按钮、库和对话框内容。

例如，在 Word 2016 功能区中有"开始""插入""设计""布局""引用""邮件"和"审阅"等选项卡，如图 1-1 所示，可以引导用户展开编辑文档的各项工作。

在 Excel 2016 和 PowerPoint 2016 功能区中也有一组选项卡，根据用户展开的工作不同，Excel 2016 和 PowerPoint 2016 的功能区会略有不同，如图 1-2、图 1-3 所示。

图 1-1　Word 2016 中的功能区

图 1-2　Excel 2016 中的功能区

图 1-3   PowerPoint 2016 中的功能区

用户可以根据自己的喜好对功能区进行个性化设置。

1. 隐藏或显示功能区

在功能区面板的任意一个位置右击，选择快捷菜单中的"折叠功能区"命令，即可隐藏功能区。也可以双击突出显示的活动选项卡，或单击选项卡最右端的"折叠功能区"按钮 ∧ 来折叠功能区。

若要展开已经折叠的功能区，则双击活动选项卡，或右击任意功能选项卡后，选择快捷菜单中"折叠功能区"命令，取消其前面的"√"标志，即可重新显示功能区。

2. 自定义功能区

（1）在功能区面板的任意一个位置右击，选择快捷菜单中的"自定义功能区"命令。

（2）打开"自定义功能区"界面，如图 1-4 所示。在该对话框中可以新建选项卡、新建组、对新建的选项卡和组重命名等。

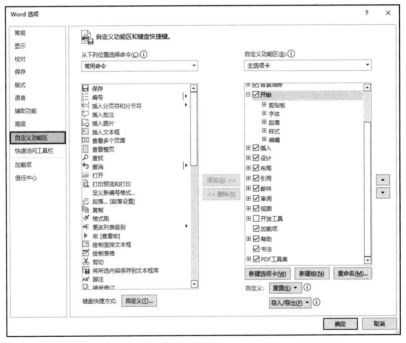

图 1-4   "自定义功能区"界面

1.1.2   上下文选项卡

在 Microsoft Office 2016 功能区中，除所看到的标准选项卡之外，还有一种选项卡只有在基于用户所处理的任务时才会在功能区显示出来，向用户展示执行该任务时可能会用到的命令，这种选项卡称为上下文选项卡。

　　例如，选择 Word 中的图片时，则功能区会自动显示如图 1-5 所示的"图片工具/格式"上下文选项卡。此选项卡中，提供了能够快速设置图片的相关工具，如调整图片颜色、大小、样式等。

图 1-5　上下文选项卡

1.1.3　实时预览

　　当用户将鼠标悬停在选项卡的命令选项上时，会自动显示应用该功能后的文档预览效果，这就是实时预览功能。

　　例如，当用户想改变 Word 文档的字体时，选中目标文字并将鼠标指针指向字体下拉列表中的选项，文档将实时显示应用该字体的效果，如图 1-6 所示，鼠标指针离开以后将恢复原貌，这样更方便用户快速做出最佳选择。

图 1-6　实时预览功能

　　Microsoft Office 2016 默认启用了实时预览功能，以 Word 2016 软件为例介绍打开和关闭"实时预览"功能的方法，操作步骤如下：

　　（1）打开 Word 2016 文档窗口，单击"文件"选项卡中的"选项"命令。

　　（2）打开"Word 选项"对话框，在"常规"选项卡中选中或取消"启用实时预览"复选框，将打开或关闭实时预览功能，如图 1-7 所示。完成设置后单击"确定"按钮。

图 1-7   选中或取消"启用实时预览"复选框

1.1.4   增强的屏幕提示

当用户将鼠标指针指向某个命令按钮稍停留后，就会弹出相应的屏幕提示，显示功能提示说明，如图 1-8 所示。

Microsoft Office 2016 默认启用了屏幕提示功能。如果用户想要获取更加详细的帮助信息，例如，在图 1-8 中想要更加详细了解 SmartArt 的功能及操作方法，则单击"了解详细信息"，或按 F1 键，就会弹出"帮助"任务窗格，如图 1-9 所示，这样方便用户更加快速、详细了解该功能。

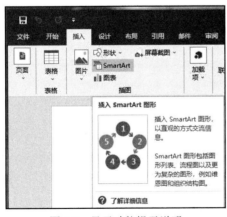

图 1-8   显示功能提示说明

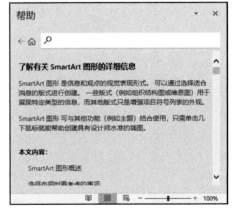

图 1-9   "帮助"任务窗格

1.1.5   快速访问工具栏

快速访问工具栏实际上是一个命令按钮的容器。默认情况下，快速访问工具栏位于应用程序窗口标题栏的左侧，包含"保存""撤消"和"重复"三个常用命令按钮。用户可以根据需要添加命令按钮，这样方便用户快速执行此命令。

　　例如，如果用户经常需要插入公式，则可以将"插入新公式"命令按钮添加到快速访问工具栏，操作步骤如下：

　　（1）单击快速访问工具栏最右侧的白色三角箭头，弹出"自定义快速访问工具栏"下拉菜单，如图 1-10 所示。如果希望添加的命令恰好在列表中，选择相应命令即可；如果不在列表中则选择"其他命令"选项。这里选择"其他命令"选项。

图 1-10　"自定义快速访问工具栏"下拉菜单

　　（2）打开"Word 选项"对话框，自动定位在"快速访问工具栏"选项组，因为"插入新公式"命令不属于常用命令组，故在中间的"从下列位置选择命令"下拉列表框中选择"所有命令"选项，然后在命令列表框中选择"插入新公式"命令，单击"添加"按钮，如图 1-11 所示。

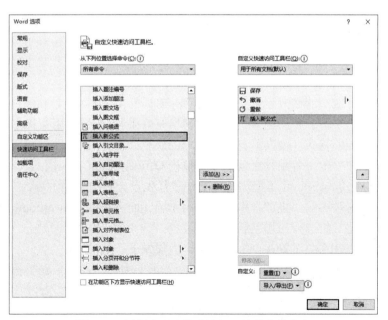

图 1-11　添加出现在快速访问工具栏中的命令

　　（3）单击"确定"按钮，"插入新公式"命令就添加到了快速访问工具栏。

1.1.6　后台管理界面

在功能区中单击"文件"选项卡，即可查看 Office 的后台管理界面，如图 1-12 所示。在该界面中，可以看到保护文档、检查文档和管理文档等相关信息。

图 1-12　Office 后台管理界面

1.2　Office 组件之间的数据共享

Office 组件之间的数据共享，可以减少不必要的重复输入，保证数据的完整性、准确性，提高工作效率，实现 Office 组件之间的无缝协同工作。

1.2.1　主题共享

文档主题是一套统一的格式设置选项，包括主题颜色（文字、背景和超链接的颜色）、主题字体（标题和正文字体）和主题效果（线条和填充效果）。通过应用文档主题，可以快速而轻松地设置整个文档的格式，使其具有规范统一的外观。

文档主题可以在 Office 各组件之间共享，以便 Office 文档具有相同的、统一的外观。

Word、Excel 和 PowerPoint 等程序提供了许多预先设计好的文档主题，在 Excel 中，可以通过"页面布局"选项卡的"主题"组选择应用主题，而 Word、PowerPoint 中则需要在"设计"选项卡的"主题"组选择应用主题。

例如，在 Word 2016 中设置某个主题，操作步骤如下：

（1）打开 Word 2016 文档窗口，在"设计"选项卡中，单击"主题"按钮的下拉箭头，打开"主题"列表，如图 1-13 所示。

（2）在"主题"列表中，选择需要使用的文档主题。

（3）在应用主题之后，也可以选择"文档格式"右侧的"颜色""字体"或"效果"对文档进行微调，以达到想要的效果。

图 1-13　"主题"列表

用户也可以根据自己的喜好自定义主题。若要自定义文档主题,需要先完成对主题颜色、字体及段落和效果的设置工作。如果想要将这些更改应用于新文档,则可以在"主题"列表中单击"保存当前主题"命令,将它们保存为自定义文档主题。

1.2.2　数据共享

Microsoft Office 套装软件中包含了多个组件,其中最常用的基础组件有 Word、Excel 和 PowerPoint。Word 主要用于文字处理、排版,Excel 主要用于表格制作、数据计算,PowerPoint 主要用于演示文稿制作。为了充分发挥各个组件的长处,也为了避免重复输入,提高工作效率,Office 采用了数据共享的设计,这样用户可以快速而轻松地制作图文并茂、内容丰富的文档,实现 Office 组件之间的无缝协同工作。

1. Excel 与 Word、PowerPoint 之间的数据共享

Excel 擅长处理和加工数据,利用 Office 传递和共享数据的特性,可以在 Word 文档或 PowerPoint 演示文稿中轻松采用 Excel 创建的表格,充分发挥 Excel 的功能。通常有两种方法共享数据:通过剪贴板共享数据和以对象方式插入共享数据。

(1)通过剪贴板。

1)打开 Excel 工作簿,选择要复制的数据区域,在"开始"选项卡"剪贴板"组中单击"复制"按钮。

2)打开 Word 文档或 PowerPoint 演示文稿,将光标定位在要插入 Excel 表格的位置。

3)在"开始"选项卡"剪贴板"组中单击"粘贴"按钮的下拉箭头,从如图 1-14 所示"粘贴选项"下拉列表中选择一种粘贴方式。如果选择"选择性粘贴"命令,将会打开"选择性粘贴"对话框,如图 1-15 所示。在"选择性粘贴"对话框中,若选择"粘贴"单选按钮,会直接粘贴内容且与源数据不会有任何关联;若选择"粘贴链接"单选按钮,会使得插入的内容与源数据同步更新。

图 1-14　选择粘贴方式

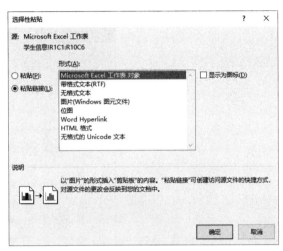

图 1-15　"选择性粘贴"对话框

（2）以对象方式插入。

1）打开 Word 文档或 PowerPoint 演示文稿，将光标定位在要插入 Excel 表格的位置。

2）在"插入"选项卡"文本"组中单击"对象"按钮，打开如图 1-16 所示的"对象"对话框。

3）单击"由文件创建"选项卡，在"文件名"文本框中输入 Excel 工作表所在位置，或单击"浏览"按钮进行选择；选中"链接到文件"复选框，如图 1-17 所示，可使插入的内容与源数据同步更新，最后单击"确定"按钮。

图 1-16　"对象"对话框

图 1-17　"由文件创建"选项卡

如果需要对表格进行修改，可在插入的表格中双击，弹出 Excel 界面，在 Excel 中进行编辑修改。修改完毕后，在表格区域外单击即可返回 Word 文档或 PowerPoint 演示文稿中。

2. Word 与 PowerPoint 之间的数据共享

Office 还为 Word 与 PowerPoint 之间共享数据提供了专有的方式。

（1）将 Word 发送到 PowerPoint 中。

Word 擅长文字处理、排版，而 PowerPoint 擅长对信息进行演示。有时用户急需将 Word 文档转换成 PowerPoint 文件，如果一点一点地复制过去，是比较麻烦的。这时，可以利用 Office

共享数据的特性，将在 Word 中编辑完成的文本快速发送到 PowerPoint 中形成幻灯片文本。操作步骤如下：

1）打开 Word 文档，并在 Word 文档中设置好大纲级别。

2）在"文件"选项卡中选择"选项"命令，打开"Word 选项"对话框。

3）在左侧选择"快速访问工具栏"选项组，在"从下列位置选择命令"列表中选择"不在功能区中的命令"选项，然后在命令列表框中选择"发送到 Microsoft PowerPoint"命令，单击"添加"按钮，如图 1-18 所示。

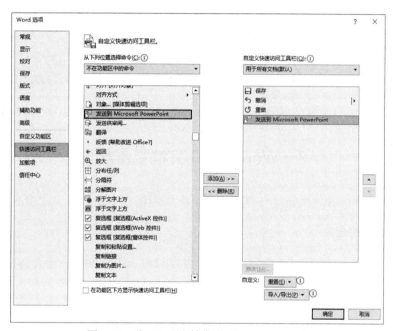

图 1-18　将 Word 文档发送到 PowerPoint 中

4）单击"确定"按钮，这样"发送到 Microsoft PowerPoint"命令就添加到 Word 的快速访问工具栏中了。

5）单击快速访问工具栏中的"发送到 Microsoft PowerPoint"按钮，即可把 Word 中的文字发送到 PowerPoint 中。

注意这种方式在转换前 Word 文档需要设置好大纲级别，而且只能发送文本，不能发送图表图像。如果 Word 文档比较长时，生成演示文稿的时间也比较长。

（2）使用 Word 为幻灯片创建讲义。

PowerPoint 制作的演示文稿阅读比较麻烦，打印效果也不佳。这时，用户可以将在 PowerPoint 中制作完成的幻灯片发送到 Word 中生成讲义并打印。操作步骤如下：

1）打开要生成讲义的 PowerPoint 演示文稿，在"文件"选项卡中选择"导出"命令，如图 1-19 所示。

2）单击"导出"列中的"创建讲义"命令，单击"在 Microsoft Word 中创建讲义"列中的"创建讲义"按钮，打开"发送到 Microsoft Word"对话框，如图 1-20 所示。

3）在"发送到 Microsoft Word"对话框中选择讲义版式，单击"确定"按钮，幻灯片从 PowerPoint 中发送至 Word 文档中。

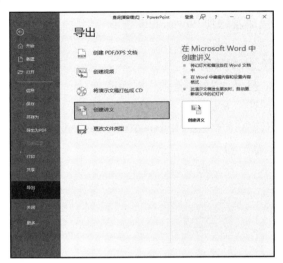

图 1-19　"创建讲义"命令　　　　图 1-20　"发送到 Microsoft Word"对话框

1.3　Word 2016 文档基本操作

文档的基本操作一般包括新建与打开文档、文档的保存与保护、多文档的合并等操作。

1.3.1　多文档的合并

在 Word 中，一篇长文章可以先分成几个文件编辑好，再合并成一个文件。具体操作方法如下：

（1）打开要合并的第一个文件，把光标置于文章的最后。

（2）在"插入"选项卡下，单击"文本"组中的"对象"下拉按钮。

（3）在下拉菜单中选择"文件中的文字"选项，打开"插入文件"对话框，如图 1-21 所示。

图 1-21　"插入文件"对话框

（4）找到要合并的文件，单击"插入"按钮，即可插入要合并的文件。

1.3.2　文档的保存与保护

当 Word 文档编辑完成后，可通过 Word 的保存功能将其存储到计算机或者其他外部设备中，以便后期查看和使用。另外，还可以通过设置密码来保护文档。

1．保存文档

在文档编排过程中，保存操作是至关重要的。

（1）保存新建文档。需要注意的是，在新建 Word 文档后，自动生成的"文档 1.docx"仅暂存在内存中，并没有保存在外存储器中，只有进行了正确的保存操作，当前文档才能被保留下来。

保存新建文档操作方法如下：

1）单击"文件"→"保存"命令，或者单击快速访问工具栏中的"保存"按钮，单击"浏览"按钮，打开"另存为"对话框，如图 1-22 所示。

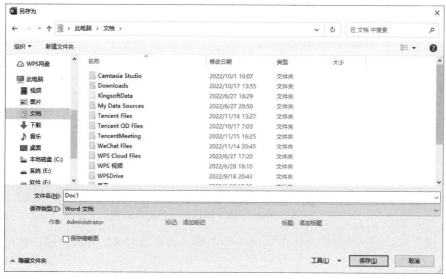

图 1-22　"另存为"对话框

2）通常默认保存位置为"文档"文件夹，用户可以重新更改文档存放路径。

3）在"文件名"右侧的文本框中输入保存后的文件名。

4）如果保存为默认的扩展名为".docx"的文档类型，则操作步骤 5）完成文件保存。如果需要更改文件类型，则单击"保存类型"右侧的下拉按钮，从中选择其他文件类型，例如保存为 PDF 文件则选择"PDF（*.pdf）"选项。

5）单击"保存"按钮，即可将当前文件保存为相应的文件格式。

（2）保存已有文档。对于已经保存过的文档，若更新了其中的内容或设置而需要再次保存时，则单击快速访问工具栏的"保存"按钮即可。

如果需要重命名保存、更改保存路径或更改保存类型时，则应单击"文件"→"另存为"命令，单击"浏览"按钮，在打开的"另存为"对话框中，重新输入文件名、更改保存位置或保存类型。

（3）自动保存。为减少因断电等异常情况而导致未及时保存文档带来的损失，Word 提供了自动保存的功能，即每隔一段时间系统自动保存文档。其设置方法如下：

1）单击"文件"→"选项"命令，在打开的"Word 选项"对话框中单击"保存"选项，如图 1-23 所示。

图 1-23   "Word 选项"对话框"保存"选项

2）选择"保存自动恢复信息时间间隔"复选框，调整其右侧的微调按钮，即可设置两次自动保存的间隔时长。

3）单击"确定"按钮完成设置。

2. 保护文档

为了防止他人打开或者修改文档，用户可以利用 Word 提供的设置密码功能来保护文档。其设置方法如下：

（1）单击"文件"→"另存为"命令，单击"浏览"按钮，打开"另存为"对话框。

（2）在其中单击"工具"右侧的下拉按钮，在弹出的下拉菜单中选择"常规选项"，打开如图 1-24 所示的"常规选项"对话框。

（3）在相应的文本框中输入密码，密码以"*"显示。

其中，当设置"打开文件时的密码"后，则需要正确输入该密码才能打开该文档。设置"修改文件时的密码"后，则只有正确输入该密码才能修改文档，否则只能以只读方式打开文档。

（4）单击"确定"按钮，打开"确认密码"对话框，再次确认输入的密码，单击"确定"按钮完成设置。

图 1-24　"常规选项"对话框

1.4　文本对象的输入与编辑

Word 文档内容主要由文本、表格、图片等对象组成。其中，常规文本对象可通过键盘、语音、手写笔和扫描仪等多种方式进行输入，但特殊文本对象则需要借助"插入"选项卡才能完成。

1.4.1　特殊文本对象的输入与编辑

1. 符号的插入

当需要输入●、♣、©、↔等特殊文本对象时，除了少数符号可以通过软键盘录入外，更多的则需要用到 Word 的插入符号功能，操作步骤如下：

（1）将光标定位到待插入点，单击"插入"选项卡"符号"组的"符号"按钮，在其下拉列表中选择"其他符号"命令，打开"符号"对话框，如图 1-25 所示。

（2）分别从"字体"和"子集"下拉列表中选择需插入符号的字体和所属子集。

（3）双击需要插入的符号，或者选择符号后单击"插入"按钮，即可将该符号插入到指定位置。

（4）单击"取消"按钮或关闭当前对话框，完成插入操作。

2. 公式的插入与编辑

常见的数学公式中不但有普通的文字和符号，通常还包含一些特殊的符号，这些文字和符号往往布局复杂，不能用常规的方法输入。公式的输入方法如下：

（1）单击"插入"选项卡"符号"组中的"公式"下拉按钮，在弹出的"内置"列表中选择需要的公式，如图 1-26 所示。

图 1-25　"符号"对话框

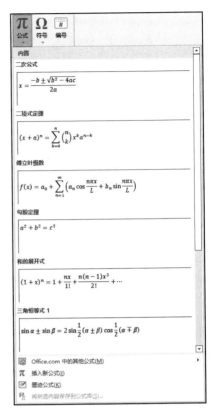

图 1-26　公式"内置"列表

（2）如果"内置"列表中没有需要的公式，则选择"插入新公式"选项，此时显示"公式工具/公式"上下文选项卡，且新增公式编辑区，如图 1-27 所示。

图 1-27　公式编辑区

（3）在"在此处键入公式"处，利用"结构"组中提供的模板工具和"符号"组提供的符号工具来创建公式。

"符号"组默认显示的为"基础数学"符号，除此之外，Word 还提供了"希腊字母""字母类符号""运算符"等多种符号，查找这些符号的操作步骤如下：

1）单击"符号"组右侧的"其他"按钮，打开"符号"面板。

2）单击"符号"面板左上角的"基础数学"右侧的下拉按钮，从中选择需要的类别，如图 1-28 所示。

图 1-28 "符号"面板

例 1-1 在 Word 文档中创建以下公式：

$$\Phi(\alpha,\beta) = \int_0^\alpha \int_0^\beta e^{-(x^2+y^2)} dxdy$$

操作步骤如下：

（1）单击"插入"选项卡"符号"组的"公式"按钮，在弹出的"内置"列表中选择"插入新公式"命令。

（2）将插入点定位到公式编辑区，在"公式工具/公式"上下文选项卡中单击"符号"组中的"其他"按钮，在弹出的"符号"面板中选择"希腊字母"，再在大写希腊字母中选择"Φ"。

（3）将插入点定位到字母"Φ"的右侧，在"结构"组中单击"括号"按钮，在弹出的面板中选择括号"(□)"。

（4）单击括号"(□)"，重复步骤（2）的方法输入"α"，接着输入逗号"，"，用同样的方法输入"β"。

（5）将插入点移到括号外右侧，输入等号"="。

（6）在"结构"组中单击"积分"按钮，在弹出的面板中选择按钮$\int_\square^\square$（第 1 排第 3 个），接着在相应空位输入"0"和"α"。

（7）单击右侧空位，重复步骤（6）的方法输入第 2 个积分号。

（8）单击右侧空位，在"结构"组中单击"上下标"按钮，在弹出的面板中选择"下标和上标"区域中的上标□（第 1 排第 1 个），单击大空位，输入字母"e"，在上标空位输入负号"-"。

（9）参照步骤（3）输入圆括号，单击圆括号中的空位，参照步骤（8）键入"x^2""+"和"y^2"。

（10）将插入点移至最右侧，输入"dxdy"。

3．插入文档封面

在 Word 中，用户无需再为设计漂亮的封面而大费周折，内置的"封面库"为用户提供了充足的选择空间。为文档添加封面的操作步骤如下：

（1）将光标定位到插入封面的位置。

（2）单击"插入"选项卡"页面"组中的"封面"按钮，打开系统内置的"封面库"。

（3）"封面库"以图示的方式列出了许多文档封面，单击其中一个样式的封面。

（4）在提示符位置分别输入内容。

1.4.2　查找与替换

查找与替换

Word 查找与替换操作不仅可以帮助用户快速定位到查找的内容，还可以批量修改文档中的内容。

1. 查找文本

查找功能可以帮助用户快速找到指定的文本，同时也能帮助核对该文本是否存在。查找文本的操作步骤如下：

（1）单击"开始"选项卡"编辑"组中的"查找"按钮，打开"导航"任务窗格。

（2）在"在文档中搜索"文本框输入需要查找的文本，此时，查找到的文本以黄色背景突出显示出来，如图 1-29 所示。

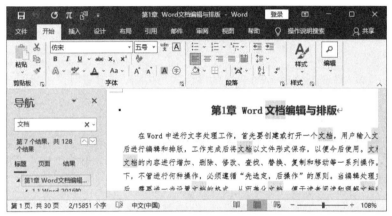

图 1-29　在"导航"任务窗格中查找文本

（3）单击"在文档中搜索"文本框下方的"结果"按钮，此时，在当前列表中显示出搜索内容所在段落和具体匹配项数目。

（4）单击其中的一个匹配项，则跳转到该搜索内容所在位置，并在右侧显示。

2. 替换文本

若要将某个内容进行批量修改，就可以使用替换操作，操作步骤如下：

（1）单击"开始"选项卡"编辑"组中的"替换"按钮，打开如图 1-30 所示的"查找和替换"对话框。

（2）在"替换"选项卡的"查找内容"文本框中输入需要查找的文本，在"替换为"文本框中输入要替换的文本。

（3）单击"全部替换"按钮，替换所有的文本。也可以连续单击"替换"按钮，逐个查找并替换。

（4）此时，打开提示对话框，提示已完成对文档的搜索和替换，关闭对话框。

注意：进行替换操作时，可以进行字符模糊替换操作。利用通配符"?"（任意单个字符）和"*"（任意多个字符）实现模糊内容的查找替换。例如，输入查找内容为"?国"则可以找到诸如"中国""英国"等字符；而输入"*国"则可以找到诸如"中国""孟加拉国"等字符。

图 1-30　"查找和替换"对话框

3．替换文本格式

除了上述的内容替换操作外，还可以利用"更多"按钮批量修改字符格式。

（1）将文件中所有数字字符修改为 Arial 字体格式，操作过程如下：

1）在如图 1-30 所示的对话框中，单击"更多"按钮，将光标定位至"查找内容"文本框，单击对话框底部的"特殊格式"按钮，在弹出的菜单中选择"任意数字"选项，此时，"查找内容"文本框中显示代表任意数字的符号"^#"。

2）将光标定位至"替换为"文本框，单击对话框底部的"格式"按钮，在弹出的菜单中选择"字体"，打开"替换字体"对话框。

3）在"西文字体"下拉列表中选择 Arial，单击"确定"按钮，返回"查找和替换"对话框，如图 1-31 所示。

图 1-31　批量修改字符格式

4）单击"全部替换"按钮，批量完成替换操作。

（2）将文件中所有空行删除，操作过程如下：

1）在如图 1-30 所示的对话框中，单击"更多"按钮，将光标定位至"查找内容"文本框，单击对话框底部的"特殊格式"按钮，在弹出的菜单中选择"段落标记"选项，再单击对话框底部的"特殊格式"按钮，在弹出的菜单中选择"段落标记"选项，此时，"查找内容"文本框中显示两个代表段落标记的符号"^p^p"。

2）将光标定位至"替换为"文本框，单击对话框底部的"特殊格式"按钮，在弹出的菜单中选择"段落标记"选项，此时，"替换为"文本框中显示代表段落标记的符号"^p"，如图 1-32 所示。

图 1-32　删除文中的空行

3）单击"全部替换"按钮，批量完成替换操作。

1.5　文档的美化

如果用户不进行对象的手动排版，则 Word 对录入的对象均设置为系统默认的排版格式，如字符对象的默认大小为"五号"，字体为"等线（中文正文）"，段落对齐方式为"两端对齐"。而实际情况往往需要进行格式的重新排版，才能使文档更加符合读者的阅读习惯和审美要求。

1.5.1　字符格式化

字符排版是指对文本对象进行格式设置，常见的格式设置包括字体、字号、间距等设置。在选定文本对象后，就可以根据以下方法进行字符排版了。

1. 使用"字体"组

在"开始"选项卡的"字体"组中，用户能完成绝大部分的字符格式设置，如字体大小、颜色、上下标、文本效果、阴影等。

2. 使用"字体"对话框

单击"开始"选项卡"字体"组右下角的"对话框启动器"按钮，在打开的"字体"对话框中进行设置。

（1）"字体"选项卡。该选项卡的各项设置与"开始"选项卡中的"字体"组大致相同，还可以通过"预览"框查看设置后的效果。

（2）"高级"选项卡。在"高级"选项卡中，用户可以通过输入具体值或微调按钮来设置字符的缩放比例、间距和位置等。

1.5.2　段落格式化

段落是字符、图形或其他项目的集合，通常以"段落标记"↵作为一段结束的标记。段落的排版是指对整个段落外观的更改，包括对齐方式、缩进、段落间距和行间距等设置。

设置段落格式与设置字体格式类似，常用"段落"组和"段落"对话框两种方式。

1. 设置对齐方式

对齐方式是段落内容在文档的左右边界之间的横向排列方式。常用的对齐方式包括：两端对齐、居中、右对齐、左对齐和分散对齐。

在设置段落对齐方式的过程中，应先选择要设置对齐方式的段落，或将光标定位到段落中，再单击"开始"选项卡"段落"组中相应的对齐方式按钮≡≡≡≡≡。

2. 设置段落缩进

段落缩进用来调整正文与页面边距之间的距离。常见的缩进方式有四种：首行缩进、悬挂缩进、左缩进和右缩进。与设置段落对齐方式类似，主要使用"段落"组和"段落"对话框两种方式。

单击"开始"选项卡"段落"组中的"增加缩进量"或"减少缩进量"两个按钮≡≡，可进行左缩进量的增加或减少。如果需要设置其他缩进或者设置精确缩进量，则必须使用"段落"对话框。设置方法如下：

（1）单击"开始"选项卡"段落"组右下角"对话框启动器"按钮，打开如图 1-33 所示的"段落"对话框。

图 1-33　"段落"对话框

（2）选择"缩进和间距"选项卡，在"缩进"选项区域可以设置左、右和特殊格式的缩进量。

1）左/右缩进：设置整个段落左/右端距离页面左/右边界的起始位置。设置左缩进和右缩进时，只需在"左侧"和"右侧"文本框中分别输入左缩进和右缩进的值即可。

2）首行缩进：将段落的第一行从左向右缩进一定的距离，首行外的各行都保持不变。设置首行缩进时，单击"特殊"下拉按钮，在下拉列表中选择"首行"选项，再在右侧输入缩进值，通常情况下设置缩进值为"2 字符"。

3）悬挂缩进：除首行以外的文本从左向右缩进一定的距离。设置悬挂缩进时，单击"特殊"下拉按钮，在下拉列表中选择"悬挂"选项，再在右侧输入缩进值即可。

3. 设置段间距和行间距

段间距是指相邻两段之间的距离，即前一段的最后一行与后一段的第一行之间的距离。行间距是指本段中行与行之间的距离。在默认情况下，行与行之间的距离为"单倍行距"，段前和段后距离为"0 行"。

设置段间距和行间距的方法与设置缩进的方法类似，可在图 1-33 所示对话框的"间距"选项区域中进行设置。其中行距选项有"最小值""固定值""多倍行距"等。还可以使用"开始"选项卡"段落"组中的"行和段落间距"工具 ‡≡˙ 来快速设置行距和段间距。

1.5.3　页面格式设置

页面设置

用户经常需要将编辑好的 Word 文档打印出来，以便携带和阅读。在编排或打印文档之前，往往需要进行适当的页面设置。

Word 采用"所见即所得"的编辑排版工作方式，而文档最终一般需要以纸质的形式呈现，所以需要进行纸型、页边距、装订线等页面格式设置。页面设置方法如下：

单击"布局"选项卡"页面设置"组右下角的"对话框启动器"按钮 ，打开如图 1-34 所示的对话框，可分别在该对话框的 4 个选项卡中进行设置。

1. "页边距"选项卡

（1）页边距设置。"页边距"选项卡主要用来设置文字的起始位置与页面边界的距离。用户可以使用默认的页边距，也可以自定义页边距，以满足不同的文档版面要求。在当前选项卡的"页边距"选项区域中，输入或单击微调按钮即可设置"上""下""左""右"页边距的值。

除此之外，还可以快速设置页边距：单击"布局"选项卡"页面设置"组中的"页边距"按钮，在弹出的如图 1-35 所示的下拉列表中，系统提供了"常规""窄""中等""宽""对称"等预定义的页边距，从中进行选择即可。如果用户需要自己指定页边距，则在下拉列表中选择"自定义页边距"命令，打开如图 1-34 所示的对话框，在该对话框中再按上述方法进行设置。

（2）装订线设置。装订线的设置包括装订线宽度和装订线位置的设置。装订线宽度是指为了装订纸质文档而在页面中预留出的空白，不包括页边距。因此，页面中相应边预留出的空白空间宽度为装订线宽度与该边的页边距之和。如果不需要装订线，则装订线宽度为"0"。装订线位置只有"靠左"和"靠上"两种，即只能在页面左边或顶边进行装订。

（3）多页设置。在"页码范围"的"多页"设置中，Word 提供了普通、对称页边距等 5 种多页面设置方式，表 1-1 描述了 4 种不同的多页设置方式与效果。

图 1-34　"页面设置"对话框

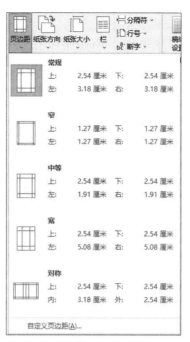

图 1-35　快速设置页边距

表 1-1　多页设置方式与效果

多页设置方式	效果
对称页边距	使纸张正反两面的内、外侧均具有同等距离，装订后会显得更整齐美观，此时，左、右页边距标记会修改为"内侧""外侧"边距
拼页	将两张小幅面的编排内容拼在一张大幅面纸张上
书籍折页	将纸张一分为二，中间是折叠线，正面的左边第 2 页，右边为第 3 页，反面的左边第 4 页，右边为第 1 页，对折后，页码顺序正好为 1、2、3、4
反向书籍折页	与书籍折页相似，不同的是折页方向相反

　　完成页面的相关设置后，在该对话框的任一选项卡的下方，均有"应用于"下拉列表框，可指定当前设置应用的范围。默认情况下，如果文档没有分节，则为应用于"整篇文档"，否则应用于"本节"，如果选定了文字，则为应用于"所选文字"。下拉列表中的选项及其含义见表 1-2。需要注意的是，并非所有选项同时出现，而是根据实际情况有选择地出现。

表 1-2　"应用于"中的选项说明

选项	说明
整篇文档	应用于整篇文档
本节	仅应用于当前节，前提是文档已分节
所选文字	仅应用于当前所选定的文字。将自动在所选文字的前端和末端分别插入分节符，使当前所选文字单独编排在一页中
插入点之后	在当前插入点位置插入分节符，分节符后的文字从下一页开始，到下一节开始之间的文字使用当前页面设置

2. "纸张"选项卡

在"页面设置"对话框的"纸张"选项卡中，可以设置打印纸张的大小。单击"纸张大小"选项的下拉按钮，在下拉列表中选择需要的纸张类型，还可以通过指定高度和宽度自行定义纸张大小。

3. "布局"选项卡

在"页面设置"对话框的"布局"选项卡中，可以设置页眉和页脚的版面格式、节的起始位置和行号等，如图 1-36 所示。

（1）设置页面对齐方式。在文档排版过程中，一般设置内容的水平对齐方式。但在一些特殊情况下，为了达到更好的打印效果，还需要设置文档页面的垂直对齐方式，即内容在当前页面垂直方向上的对齐方式。具体方法是：在当前选项卡中，单击"页面"选项组"垂直对齐方式"右侧的下拉按钮，从中选择相应选项即可。

（2）添加行号。实际工作中，有时需要为文档内容标示所在位置，即为文档加上行号。如英文阅读材料、法律文书等。只需在"布局"选项卡中单击"行号"按钮，在打开的如图 1-37 所示的对话框中选择相应选项，即可为文档添加行号。

图 1-36   "布局"选项卡

图 1-37   "行号"对话框

另外，还可以直接在 Word 功能区单击"布局"选项卡"页面设置"组中的"行号"按钮，为文档快速添加行号。

4. "文档网格"选项卡

"页面设置"对话框中的"文档网格"选项卡如图 1-38 所示，可在该对话框中进行文档网格线、每页行数和每行字数等设置。

（1）设置网格。在"网格"区域可设置每行能容纳的字符数和每页能容纳的行数。其中的 4 个选项及其含义见表 1-3。

表 1-3　"网格"区域中的选项说明

选项	说明
无网格	采用默认的每行字符数、每页行数和行跨度等
只指定行网格	采用默认的每行字符数和字符跨度，允许设定每页行数（1~48）或行跨度，改变其中之一另一个数值将会随之改变
指定行和字符网格	允许设定每行字符数、字符跨度、每页行数和行跨度等。改变了字符数（或行数），跨度会随之改变，反之亦然
文字对齐字符网格	可以设定每行字符数和每页行数，但不允许更改字符跨度和行跨度

（2）绘图网格。当文档中的图形对象较多时，Word 提供的"绘图网格"功能可对文档中的图形进行更细致的编排。在图 1-38 中，单击"绘图网格"按钮，即可打开如图 1-39 所示的"网格线和参考线"对话框，其中的各选项及其含义见表 1-4。

图 1-38　"文档网格"选项卡

图 1-39　"网格线和参考线"对话框

表 1-4　"网格线和参考线"对话框中的选项说明

选项	说明
对齐参考线	设置是否显示对齐参考线
对象对齐	拖动对象时会使对象与其他对象的垂直和水平网络线对齐
网格设置	设置网格的水平和垂直间距

续表

选项	说明
网格起点	选择"使用页边距",则使用左、上页边距作为网格的起点,否则可设置起点
显示网格	在屏幕上显示网格线,可设置网格线的水平和垂直间隔
网格线未显示时对象与网格对齐	拖动对象时对象会自动吸附到最近的网格线上

1.5.4 其他格式

1. 项目符号和编号

给段落添加项目符号和编号的目的是使文档条理分明、层次清晰。项目符号用于表示段落内容的并列关系,编号用于表示段落内容的顺序关系。

添加、删除项目符号和编号的常用方法如下:

(1)添加项目符号或编号。在文档中选择要添加项目符号或编号的若干段落,单击"开始"选项卡"段落"组中的"项目符号"按钮或"编号"按钮,或者单击右侧的下拉按钮,从下拉的"项目符号库"和"编号库"中进行选择,都可完成项目符号或编号的添加。

另外,Word 还提供了自动创建项目符号列表和编号列表功能,当用户为某一段落添加了项目符号或编号之后,按 Enter 键开始一个新段落时,Word 就会自动产生下一个段落的项目符号或编号。如果要结束自动创建项目符号或编号,可以连续按两次 Enter 键或按 Backspace 键删除项目符号或编号。

(2)自定义添加项目符号或编号。如果内置的"项目符号库"和"编号库"中没有符合要求的类型,则可以单击"项目符号"或"编号"按钮右侧的下拉按钮,在弹出的下拉列表中选择"定义新项目符号"或"定义新编号格式"命令,在打开的对话框(图 1-40、图 1-41)中设置新项目符号或定义新编号格式。

图 1-40   "定义新项目符号"对话框

图 1-41   "定义新编号格式"对话框

（3）删除项目符号和编号。如果要结束自动创建项目符号或编号，可以连续按两次 Enter 键或按 Backspace 键删除项目符号或编号。添加的项目符号或编号若要全部删除，则选择已添加项目符号或编号的段落后，再次单击"段落"组中的"项目符号"或"编号"按钮即可。

注意：在"开始"选项卡中，利用"剪贴板"组中的"格式刷"工具可以快速复制对象的格式。复制时，首先选定作为样本的对象，单击"格式刷"按钮 格式刷，鼠标指针改变为 形状，按住鼠标左键选择目标对象，松开鼠标左键，目标对象的格式即修改为样本对象的格式，同时鼠标指针还原至常规状态。若双击"格式刷"按钮，则可以进行多次格式复制，直到再次单击"格式刷"按钮或按 Esc 键才终止。

2. 设置首字下沉

设置段落第一行的第一个字变大，并且下沉一定的距离，段落的其他部分保持原样，这种效果称为首字下沉，是书报刊物常用的一种排版方式。其设置过程如下：

（1）将光标定位到需要设置首字下沉的段落中。

（2）单击"插入"选项卡"文本"组中的"首字下沉"按钮，在下拉列表中选择"下沉"或"悬挂"样式。如果需要进行更复杂的设置，则在下拉列表中选择"首字下沉选项"命令，打开如图 1-42 所示的"首字下沉"对话框，然后在该对话框中选择下沉位置，设置字体、下沉行数、下沉后的文字与正文之间的距离，单击"确定"按钮即可完成设置。

3. 分栏

在 Word 中，分栏用来实现在一页上以两栏或多栏的方式显示文档内容，被广泛应用于报纸和杂志的排版中。分栏的操作方法如下：

选中要分栏的文本，单击"布局"选项卡"页面设置"组中的"栏"下拉按钮，在下拉列表中选择一种分栏方式。

若设置超过三栏的文档分栏，则需选择下拉列表中的"更多栏"命令，在打开如图 1-43 所示"栏"对话框中，可设置栏数、栏宽、分隔线、应用范围等，设置完成后，单击"确定"按钮完成分栏操作。

图 1-42　"首字下沉"对话框

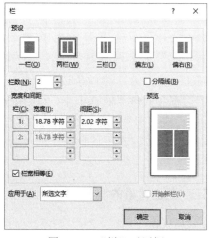

图 1-43　"栏"对话框

4. 设置边框与底纹

为了使重要的内容更加醒目或页面效果更美观，可以为字符、段落、图形或整个页面设置边框和底纹效果，设置方法如下：

（1）单击"开始"选项卡"段落"组中的"边框"下拉按钮 ，在下拉列表中选择"边框和底纹"命令，打开"边框和底纹"对话框。

（2）选择"边框"选项卡，可以设置边框线的样式、线型、颜色、宽度。但需要注意的是，设置流程的总体方向应遵循"从左到右，从上往下"的基本原则，否则设置将无效。例如，设置当前段落的边框为 1 磅宽度的红色虚线方框，则先选择左侧"设置"区域的"方框"，再依次选择"样式"列表中的"虚线"、"颜色"选项的"红色"、"宽度"选项的"1.0 磅"，在此过程中，右侧的"预览"栏中即时显示设置效果，如图 1-44 所示。

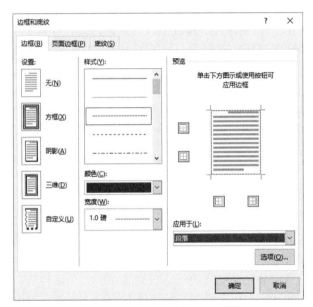

图 1-44　"边框和底纹"对话框

（3）在"底纹"选项卡中，可以为文字或段落设置颜色或图案底纹。

（4）选择"页面边框"选项卡，可以为页面设置普通的线型边框和各种艺术型边框，使文档更富有表现力。"页面边框"设置方法与"边框"设置方法类似。

注意：如果需要对个别边框线进行调整，还可以通过单击 、 、 、 按钮，分别设置或取消上、下、左、右四条边框线。

在"边框和底纹"对话框中，"应用于"是指设置效果作用的范围。在"边框"和"底纹"选项卡中，"应用于"的范围包括选中的文本或选中文本所在的段落，而"页面边框"选项卡中"应用于"的范围则包括整篇文档或节。因此，在设置过程中应根据具体要求进行应用范围的选择。

1.5.5　页面背景的设置

1. 添加水印

Word 的水印功能可以为文档添加任意的图片和文字背景，设置水印方法如下：

（1）单击"设计"选项卡"页面背景"组中的"水印"按钮，在弹出的下拉列表中选择所需水印或选择"自定义水印"命令，打开如图 1-45 所示的"水印"对话框。

图 1-45　"水印"对话框

（2）在"水印"对话框中，可以设置文字或图片作为文档的背景。如果需要设置图片水印，则选中"图片水印"单选按钮，再单击"选择图片"按钮，在打开的"插入图片"对话框中选择目标图片文件。如果需要设置文字水印，则选中"文字水印"单选按钮，在"文字"文本框中输入作为水印的文字，还可以设置文字的颜色、大小等。

（3）取消文档中的水印效果，只需在"水印"对话框中选择"无水印"单选按钮，或单击"页面背景"组中的"水印"按钮，在弹出的下拉列表中选择"删除水印"命令。

2. 设置填充效果

Word 页面颜色中的填充效果功能可以为文档设置渐变、纹理、图案和图片等页面颜色，设置填充效果的方法如下：

（1）单击"设计"选项卡"页面背景"组中的"页面颜色"按钮，在弹出的下拉列表中选择"填充效果"命令，打开如图 1-46 所示的"填充效果"对话框。

图 1-46　"填充效果"对话框

（2）选中"渐变"选项卡"颜色"组中的"预设"单选按钮，单击"预设颜色"下拉列表中任意一项，如"红日西斜"。单击"确定"按钮即可设置为渐变填充效果。

（3）单击"纹理"选项卡，在"纹理"中选择一种纹理，如"编织物"。单击"确定"按钮即可设置为纹理填充效果。

（4）单击"图案"选项卡，在"图案"中选择一种图案，如"小棋盘"。单击"确定"按钮即可设置为图案填充效果。

（5）单击"图片"选项卡，单击"选择图片"按钮，单击"从文件"按钮，在打开的"选择图片"对话框中找到需要的图片，如图 1-47 所示，单击"插入"按钮返回"填充效果"对话框，如图 1-48 所示。单击"确定"按钮即可设置为图片填充效果。

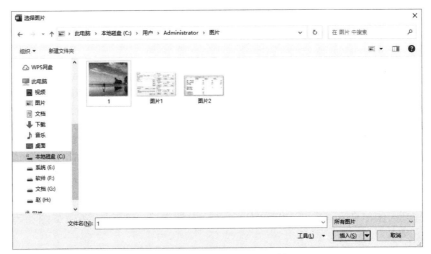

图 1-47   "选择图片"对话框

图 1-48   "图片"选项卡

1.6　应用案例——文档排版

文档在编辑好后要进行美化，包括字体、段落、页面、背景等格式的设置。

1.6.1　案例描述

对于"牛顿"一文按如下要求进行排版：

（1）设置文中所有英文字母的字体为 Times New Roman。

（2）设置标题"牛顿的简介"字体为"黑体"，字号为"三号"，字形为"倾斜"，对齐方式为"居中"，段前、段后均为"15 磅"。

（3）设置正文第 1 段到最后一段样式为：首行缩进为"2字符"，段后间距为"0.5 行"。

（4）设置正文第 2 段首字下沉两行。

（5）设置文字水印为"牛顿"，页面颜色为"雨后初晴"。

（6）为所有正文添加行号。

（7）设置正文第 4 段"牛顿在科学上……的创建。"段落边框样式为"三维"，线条样式如图 1-49 所示，宽度"3 磅"，底纹填充色为"橙色"。

（8）用文件名"牛顿简介"保存。

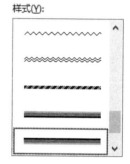

图 1-49　线条样式

1.6.2　案例操作步骤

1．查找与替换设置字体

（1）单击"开始"选项卡"编辑"组中的"替换"按钮，打开"查找和替换"对话框。

（2）在"查找和替换"对话框中单击"更多"按钮，将光标定位至"查找内容"文本框，单击对话框底部的"特殊格式"按钮，在弹出的菜单中选择"任意字母"选项，此时，"查找内容"右侧文本框中显示代表任意字母的符号"^$"。

（3）将光标定位至"替换为"文本框，单击对话框底部的"格式"按钮，在弹出的菜单中选择"字体"，打开"替换字体"对话框。

（4）在"西文字体"下拉列表中选择 Times New Roman，单击"确定"按钮返回"查找和替换"对话框，如图 1-50 所示。

（5）单击"全部替换"按钮，替换所有字母的字体。

2．设置标题格式

（1）选定标题行，单击"开始"选项卡"字体"组右下角的"对话框启动器"按钮，在打开的"字体"对话框中进行设置。

（2）设置如图 1-51 所示的字体、字号和字形。

（3）单击"确定"按钮，即可完成标题字体格式的设置。

（4）单击"开始"选项卡"段落"组右下角的"对话框启动器"按钮，在打开的"段落"对话框中进行设置。

图 1-50　设置所有英文字母的字体格式　　　　图 1-51　设置标题字体格式

（5）设置如图 1-52 所示的段落格式。

（6）单击"确定"按钮，即可完成标题段落格式的设置。

3．设置正文样式

（1）选定所有的正文。

（2）单击"开始"选项卡"段落"组右下角的"对话框启动器"按钮，在打开的"段落"对话框中进行设置。

（3）设置如图 1-53 所示的段落格式。

图 1-52　设置标题段落格式　　　　　　图 1-53　设置正文段落格式

（4）单击"确定"按钮。

4．设置首字下沉

（1）单击第二段任意一个位置。

（2）在"插入"选项卡中，单击"文本"组中的"首字下沉"按钮，在弹出的菜单中选择"首字下沉选项"命令，打开"首字下沉"对话框。

（3）单击对话框中的"位置"区域中的"下沉"按钮，在"下沉行数"后输入"2"，如图 1-54 所示。

（4）单击"确定"按钮。

5．设置文字水印和页面渐变颜色

（1）单击"设计"选项卡"页面背景"组中的"水印"按钮，选择菜单中的"自定义水印"命令。

（2）在打开的"水印"对话框中，单击"文字水印"单选按钮，在"文字"文本框中输入"牛顿"，如图 1-55 所示。

（3）单击"确定"按钮，即可完成文字水印的设置。

图 1-54　设置首字下沉两行

图 1-55　设置文字水印

（4）单击"设计"选项卡"页面背景"组中的"页面颜色"按钮，选择菜单中的"填充效果"命令。

（5）在打开的"填充效果"对话框中，单击"渐变"选项卡"颜色"区域中的"预设"单选按钮，在"预设颜色"下拉列表中选择"雨后初晴"选项，如图 1-56 所示。

（6）单击"确定"按钮，即可完成页面渐变颜色的设置。

6．设置正文行号

（1）选定所有正文。单击"布局"选项卡"页面设置"组中的"行号"按钮，选择菜单中的"行编号选项"命令。

（2）在打开的"页面设置"对话框中，在"节的起始位置"中选择"接续本页"选项，以免标题与正文分成两页；在"应用于"中选择"所选文字"选项；单击"行号"按钮，在"行号"对话框中进行如图 1-57 所示的设置。

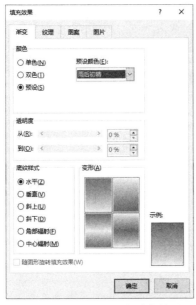

图 1-56　设置页面颜色填充效果　　　　　　图 1-57　添加正文行号

（3）单击"确定"按钮返回"页面设置"对话框，单击"确定"按钮关闭"页面设置"对话框，即可完成行号添加操作。

7．设置边框和底纹

（1）选定正文第 4 段。

（2）单击"开始"选项卡"段落"组中的"边框"下拉按钮 ，在下拉列表中选择"边框与底纹"命令，打开"边框与底纹"对话框。

（3）在"边框"选项卡中，先选择左侧"设置"区域中的"三维"，再依次选择"样式"列表中的如图 1-49 所示的样式，"宽度"选项的"3.0 磅"，"应用于"选项的"段落"，如图 1-58 所示。

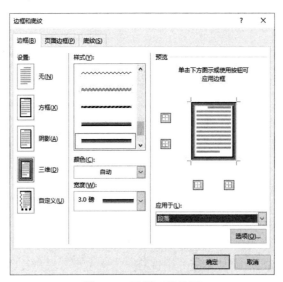

图 1-58　设置三维边框

（4）在"底纹"选项卡中，"填充"选项中选择"标准色/橙色"，如图 1-59 所示。

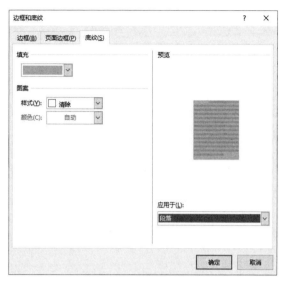

图 1-59　设置橙色底纹

（5）单击"确定"按钮。

8. 文件另存为

单击"文件"→"另存为"命令，单击"浏览"按钮，在"另存为"对话框的"文件名"文本框中输入"牛顿简介"，单击"保存"按钮。

习题 1

一、思考题

1．新建 Word 文档有哪些方法？

2．在 Word 中，如何设置每页打印多少行，每行打印多少字符？

3．在 Word 中，怎样设置一幅图片作为背景？

4．"减少缩进量"和"增加缩进量"按钮调整的是哪种缩进？

5．在一篇内容很多的 Word 文档中，如何将重复过多次的"计算机"三个字快速加上突出显示格式？

二、操作题

1．在 Word1.docx 文档中进行下列操作，完成操作后请保存并关闭文档。

（1）设置正文第 1 段"两天之后……什么地方去住？"，字体为"隶书"，字号为"四号"，字形为"加粗、倾斜"，字体颜色为"蓝色"，字符间距为"加宽、2 磅"。

（2）设置正文第 2 段开始的所有段落"大概你还梦想着……都得从头学起……"，首行缩进"21 磅"，设置正文第 2 段"大概你还梦想……这叫野心啊！……"，对齐方式为"右对齐"，右缩进为"21 磅"，段前间距为"31.2 磅"。

（3）设置正文第 4 段"我明白了～……一份'思想汇报'。"首字下沉，行数为"2 行"，字体为"黑体"，距正文"25.35 磅"。

（4）设置正文第 5 段"还有一次……"分栏，栏数为"2 栏"，添加"分隔线"。

（5）页面设置上、下页边距均为"113.4 磅"，页眉距边界"56.7 磅"，装订线位置为"上"。

2．在 Word2.docx 文档中进行下列操作，完成操作后请保存并关闭文档。

（1）将页面设置为：A4 纸，左、右页边距均为 2 厘米，每页 43 行，每行 40 个字符。

（2）给文章加标题"我国能源现状探讨"，设置标题文字为隶书、一号字、水平居中，设置标题段为浅蓝色底纹、段前段后间距均为 0.5 行。

（3）为正文中的"现状"和"解决办法"段落添加实心圆项目符号。

（4）将正文中"能源安全的核心是石油安全。"一句设置为红色、加粗、加下划线。

3．在 Word3.docx 文档中进行下列操作，完成操作后请保存并关闭文档。

（1）设置标题文字"《哈利·波特 4》：浪漫爱情赛过上课斗法"的字体为"隶书"，字号为"小三"，字形为"加粗、倾斜"，颜色为"红色"，对齐方式为"居中"，字符间距为"加宽、1 磅"，字符位置"提升 3 磅"。

（2）设置正文第 2 段"据称，该片的导演……《哈利·波特》"首行缩进为"42 磅"。

（3）设置正文第 2 段"据称，该片的导演……《哈利·波特》"边框为"方框"，线型为"实线"，宽度为"2.25 磅"，底纹填充色为"紫色"，应用于段落。

（4）设置正文第 3 段"由于《哈 4》原著……透露这么多。"项目符号为■。

4．在 Word4.docx 文档中进行下列操作，完成操作后请保存并关闭文档。

（1）将文中所有"好人"设置为突出显示。

（2）设置页面颜色为白色大理石纹理，页面纸张大小为"16 开（15.4 厘米*26 厘米）。

（3）设置标题段文字"好人就像右手"，字号为"二号"、字体为"黑体"、对齐方式为"居中"，文本效果设置为内置"渐变填充-紫色，强调文字颜色 4，映像"样式。

（4）设置正文各段"有一种人，……将善良进行到底。"的中文为楷体、西文为 Arial 字体。

（5）为正文第 2 段至第 4 段"好人是世界的根，……把坚实的背景留给世人。"添加"1)、2)、3)、……"样式的编号。

第 2 章　Word 表格与图文混排

Word 具有很强的表格制作、修改和处理表格数据的功能。制作表格时，表格中的每个小格称为单元格，Word 将一个单元格中的内容作为一个子文档处理。表格中的文字也可用设置文档字符的方法设置字体、字号、颜色等。Word 在处理图形方面也有它的独到之处，真正做到了"图文并茂"。在 Word 中使用的图形有联机图片、此设备中的文件、用户绘制的形状、艺术字、由其他绘图软件创建的图片等。

本章知识要点包括表格的制作与编辑方法；表格中数据的计算方法与图表的生成；文档中图形、图像对象的编辑和处理方法。

2.1　创建表格

在日常工作和生活中，人们常采用表格将一些数据分门别类地表现出来，使文档结构更严谨、效果更直观、信息量更大。

2.1.1　插入表格

在 Word 中，可以通过以下三种方式插入表格：一是从预先设好格式的表格模板库中选择，二是使用"表格"菜单指定需要的行数和列数，三是使用"插入表格"对话框。

1. 使用表格模板

表格模板是系统已设计好的固定格式表格，插入表格模板后，只需将模板中的内容进行修改即可。使用表格模板插入表格的方法如下：

（1）将光标定位到插入点。

（2）在"插入"选项卡中，单击"表格"组中的"表格"按钮，在下拉列表中选择"快速表格"命令，然后从中选择需要的内置模板样式，如图 2-1 所示。

（3）在已插入的表格中，将所需的数据替换模板中的原有数据。

2. 使用"表格"菜单

使用"表格"菜单插入表格的方法如下：

（1）将光标定位到插入点。

（2）在"插入"选项卡的"表格"组中单击"表格"按钮。

（3）在"插入表格"列表中移动鼠标指针以选择需要的行数和列数，如图 2-2 所示。

（4）单击鼠标，即可创建一个具体行数和列数的表格。

3. 使用"插入表格"命令

使用"插入表格"命令插入表格，可以让用户在插入表格之前选择表格尺寸和格式，操作方法如下：

（1）将光标定位到插入点。

（2）在"插入"选项卡的"表格"组中单击"表格"按钮。

（3）在下拉列表中选择"插入表格"命令，打开如图 2-3 所示的"插入表格"对话框。

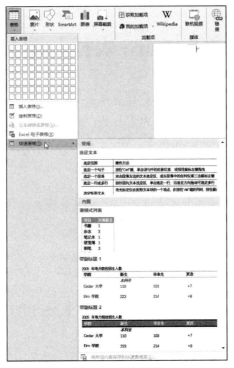

图 2-1　表格模板

图 2-2　"表格"菜单

图 2-3　"插入表格"对话框

（4）在"表格尺寸"区域中输入列数和行数。

（5）在"'自动调整'操作"区域中进行设置，各选项的功能如下：

1）固定列宽：是指以文本区的总宽度除以列数作为每列的宽度，根据需要可以输入其他值，系统默认值为"自动"。

2）根据内容调整表格：列宽将随着输入内容的增加随时改变，但总保持在设置的页边距内。当输入的内容过多时，行高将变大以适应输入的内容。

3）根据窗口调整表格：表格的宽度不会发生改变，但列宽将随着内容的增加而变宽。

（6）单击"确定"按钮，即可创建一个指定行数和列数的表格。

2.1.2　绘制表格

除上述方法创建表格外，用户还可以绘制复杂的表格，例如绘制包含不同高度的单元格、每行不同列数的表格，操作方法如下：

（1）将光标定位到插入点，单击"插入"选项卡"表格"组中的"表格"按钮，选择下拉列表中的"绘制表格"命令。

（2）此时鼠标指针变成铅笔形状 🖉，按住鼠标左键拖拽至合适位置松开鼠标左键，即可绘制出一张表格的外框。

（3）在表格内部的平行和垂直方向，按住鼠标左键拖拽绘制直线，添加行和列。

（4）当绘制的直线不符合要求时，可以在"表格工具/布局"上下文选项卡中，单击"绘图"组中的"橡皮擦"按钮 🖿，此时鼠标指针变成橡皮擦形状。

（5）在线条上方单击即可擦除该线条。若要擦除整个表格，则将鼠标指针停留在表格中直至表格左上角显示移动图柄 ⊞，单击该图柄，按 Backspace 键。

（6）操作完成后，再次单击"绘制表格"按钮或"橡皮擦"按钮，鼠标指针即可恢复正常形状。

注意：表格的删除与表格内容的删除这两个操作是有区别的。在选择整张表格、行、列或单元格之后，按 Delete 键仅删除其内容，仍保留表格的行和列边框，按 Backspace 键则将边框连同内容一起删除。

2.1.3　表格与文本的相互转换

文本转换成表格

在平时的学习和工作中，经常会遇到需要将文本和表格相互转换的情况，而利用 Word 就可以很方便地把文本转换为表格内容，把表格内容转换成文本。

1.　文字转换成表格

制作表格时，通常是先绘制表格，再输入文本。而应用 Word 的"文本转换成表格"命令则可将编辑好的文本直接转换成表格内容，操作步骤如下：

（1）在将要转换为表格列的位置处插入分隔符，如逗号、空格等。

（2）选定需要转换的文本，单击"插入"选项卡"表格"组中的"表格"按钮，在弹出的下拉列表中选择"文本转换成表格"命令，打开"将文字转换成表格"对话框，如图 2-4 所示。

（3）在该对话框中设置"行数""列数"等参数，单击"确定"按钮完成转换。

2.　表格转换成文本

有时需要将绘制好的表格转换成文本，操作方法如下：

（1）选定需要转换的表格。

（2）在"表格工具/布局"上下文选项卡中，单击"数据"组中的"转换成文本"按钮，打开如图 2-5 所示的"表格转换成文本"对话框。

（3）在该对话框中设置文字分隔符的形式，单击"确定"按钮完成转换。

注意：如果转换的表格中有嵌套表格，则必须先选中"转换嵌套表格"复选框。

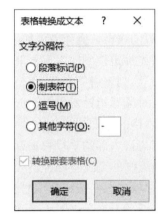

图 2-4　"将文字转换成表格"对话框　　　　图 2-5　"表格转换成文本"对话框

2.2　编辑与格式化表格

在创建表格后，通常还要改变表格的形式，对表格进行修饰美化，这就要对表格进行编辑与格式的设置。

2.2.1　编辑表格

表格的编辑方法有很多，在此主要介绍行、列或单元格的选择、插入、删除，以及合并、拆分单元格等操作。

1. 选择

在表格不同范围的选择中，主要涉及整张表格、行、列和单元格的选择。根据选择范围的不同，选择方法也有差异，具体方法见表 2-1。

表 2-1　表格的选择方法

选择范围	操作方法
整张表格	在页面视图中，将鼠标指针停留在表格上直至显示表格移动图柄⊞，然后单击表格移动图柄
一行或多行	鼠标指针呈↗形状，单击相应行的左侧
一列或多列	鼠标指针呈↓形状，单击相应列的顶部网格线或边框
一个单元格	鼠标指针呈↗形状，单击该单元格的左边缘

以上部分操作还可以在"表格工具/布局"上下文选项卡中，单击"表"组中的"选择"按钮，在弹出的选项中进行选择。

2. 行、列的插入或删除

将光标置于需要插入或删除行、列的位置，在"表格工具/布局"上下文选项卡中，单击"行和列"组中相应的插入或删除按钮，例如，"在上方插入"表示直接在所选行上方插入新行。

3．合并单元格

合并单元格是将多个邻近的单元格合并成一个单元格，用于制作不规则表格。选中要合并的单元格后，常用以下两种方法进行合并：

（1）在"表格工具/布局"上下文选项卡中，单击"合并"组中的"合并单元格"按钮。

（2）在选择范围的上方右击，在弹出的快捷菜单中选择"合并单元格"命令。

4．拆分单元格

与合并单元格相反，拆分单元格是将一个单元格分成若干新单元格。将光标定位到要拆分的单元格后，常用以下两种方法进行拆分：

（1）在"表格工具/布局"上下文选项卡中，单击"合并"组中的"拆分单元格"按钮，打开"拆分单元格"对话框，输入要拆分的列数和行数，单击"确定"按钮完成拆分。

（2）在需要拆分单元格的上方右击，在弹出的快捷菜单中选择"拆分单元格"命令，打开"拆分单元格"对话框，输入要拆分的列数和行数，单击"确定"按钮完成拆分。

5．拆分表格

运用"拆分表格"命令可以把一个表格分成两个或多个表格，拆分方法如下：

（1）将光标定位到需要拆分位置的行中，即把光标置于拆分后形成的新表格的第一行。

（2）在"表格工具/布局"上下文选项卡中，单击"合并"组中的"拆分表格"按钮，原表格即拆分成两个新表格。

2.2.2　设置表格属性

表格属性主要用于调整表格的对齐方式、行高、列宽以及文本在表格中的对齐方式等。大部分表格属性都可以在"表格工具/布局"上下文选项卡中的"单元格大小"和"对齐方式"两个组内进行设置。

1．设置行高、列宽

（1）用鼠标拖动设置。如果没有指定行高，表格中各行的高度将取决于该行中单元格的内容以及段落文本前后的间距。如果只需要粗略调整行高或列宽，则可以通过拖动边框线来实现；也可以通过拖动右下角的"表格大小控制点"来调整表格的高度和宽度。

（2）用功能区设置。如果需要精确设置行高列宽，则可在"表格工具/布局"上下文选项卡中的"单元格大小"组内进行设置；也可以在当前选项卡的"表"组中单击"属性"按钮，在打开的"表格属性"对话框中设置，如图 2-6 所示。

"表格属性"对话框中有 5 个选项卡。在"表格"选项卡中，"尺寸"选项用于设定整个表格的宽度。当选中"指定宽度"复选框时，可以输入表格的宽度值。"对齐方式"用于确定表格在页面中的位置。"文字环绕"用于设置表格和正文的位置关系。

"行""列"和"单元格"三个选项卡分别用于设置行高、列宽、单元格的宽度以及文本在单元格内的对齐方式等。

如果要使某些行、列具有相同的行高或列宽，可首先选定这些行或列，然后在"表格工具/布局"上下文选项卡中，单击"单元格大小"组中的"分布行"或"分布列"按钮，则平均分布所选行、列之间的高度和宽度。

图 2-6 "表格属性"对话框

注意:

(1)有时候会出现从页面顶格创建表格后无法输入标题文字的情况,此时将光标置于第一个单元格内的第一个字符前再按回车键,则会在表格前插入一个空行,再输入标题文字即可。

(2)如果要实现跨页的大型表格的表头重复出现在每一页的第一行,操作方法是:选中表头,在"表格工具/布局"上下文选项卡中,单击"数据"组中的"重复标题行"按钮。

2. 设置对齐方式

(1)表格对齐方式。表格对齐方式的设置与段落对齐方式的设置类似:选定整个表格后,单击"开始"选项卡"段落"组中的段落对齐方式按钮即可进行设置。除此之外,还可以通过"表格属性"对话框进行设置,具体操作方法如下:

1)选中表格。

2)在"表格工具/布局"上下文选项卡中,单击"表"组中的"属性"按钮,打开"表格属性"对话框

3)在该对话框的"表格"选项卡中进行设置。

(2)单元格对齐方式。与表格对齐方式不同的是,表格对齐方式只涉及水平方式的对齐方式处理,而单元格内对象的对齐方式则涉及水平和垂直两个方向。常用设置方法为:选定需要设置的单元格后,在"表格工具/布局"上下文选项卡中,单击"对齐方式"组中的对齐方式按钮。

2.2.3 表格的格式化

表格的格式化操作即美化表格,包括表格边框和底纹样式等设置。

1. 设置边框和底纹

表格制作及格式设置

边框和底纹不但可以应用于文字,还可以应用于表格。表格或单元格中边框与底纹的设置方法与在文本中的设置方法类似:单击"开始"选项

卡"段落"组中的底纹按钮 和边框按钮 进行设置，也可以通过以下方法分别设置。

（1）设置边框。选中需要设置边框的单元格或表格，在"表格工具/表设计"上下文选项卡中，先选择"边框"组中如图 2-7 所示的"笔样式""笔粗细"和"笔颜色"，再单击"边框"下方的下拉按钮，在弹出的下拉列表中选择相应的命令，即可直接进行简单的增减框线的操作，如图 2-8 所示。

图 2-7　绘制边框笔的设置

如果需要进行更多效果的边框设置，则可以在"表格工具/表设计"上下文选项卡中，单击"边框"右下角的"对话框启动器"按钮 ，在打开的"边框和底纹"对话框（图 2-9）中进行较复杂的设置。

图 2-8　边框列表

图 2-9　"边框和底纹"对话框

在设置过程中，首先应在"设置"区域选择边框显示位置，然后依次选择线条的"样式""颜色"和"宽度"，再在预览区域选择该效果对应的边线，即可设置如图 2-9 所示的较复杂的边框线。需要注意的是，"设置"区域的不同选项代表不同的设置效果，各选项对应的显示效果见表 2-2。

表 2-2　"设置"区域不同选项及设置效果

选项	设置效果
无	被选中的单元格或整个表格不显示边框
方框	只显示被选中的单元格或整个表格的四周边框
全部	被选中的单元格或整个表格显示所有边框
虚框	被选中的单元格或整个表格四周为粗边框，内部为细边框
自定义	被选中的单元格或整个表格由用户根据实际需要自行设置边框的显示状态，而不仅仅局限于上述四种显示状态

（2）设置底纹。设置底纹的方法与设置边框的方法类似，选中需要设置底纹的单元格或表格，在"表格工具/表设计"上下文选项卡中，单击"表格样式"组中"底纹"下方的下拉按钮，选择需要的底纹颜色。同样，如果需要进行更复杂的底纹设置，则在"边框和底纹"对话框的"底纹"选项卡中设置，例如选择底纹的图案以及图案的颜色等。

2. 表格自动套用样式

表格样式是字体、颜色、边框和底纹等格式设置的组合。Word 内置了 107 种表格样式，自动套用表格样式的方法如下：

（1）选择表格或将光标置于表格内。

（2）在"表格工具/表设计"上下文选项卡中，单击"表格样式"组右侧的"其他"按钮，在弹出的列表中选择所需表格样式，如 2-10 所示。用户通过实时预览可直接选择所需样式，还可选择"修改表格样式"命令，对所选表格样式进行个性化设置。

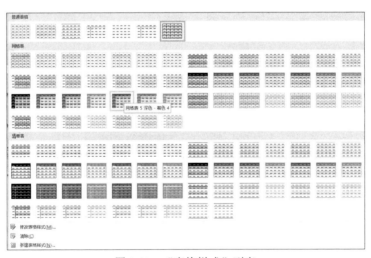

图 2-10　"表格样式"列表

2.3　表格中数据的计算与图表的生成

在 Word 中编辑表格时，经常会遇到许多数据，如成绩、工资等，在表格中不仅可以使用公式进行计算，还可以利用已算好的表格数据生成可视图表。

2.3.1　表格中数据的计算与排序

1. 表格内数据的计算

在 Word 中不仅可以快速地进行表格的创建和设置，还可以对表格中的对象进行计算和排序等操作。

例 2-1　打开文件"成绩表.docx"，在成绩表（表 2-3）中计算每个学生的总分，并将计算结果填入"总分"列，操作完成后以原文件名保存。

表 2-3　成绩表

学号	姓名	语文	数学	英语	总分
070101	李平	91	99	75	
070102	张波	76	88	85	
070103	王平平	83	81	78	
070104	赵芳	78	86	75	

操作步骤如下：

（1）将插入点定位到"总分"列的第二个单元格。

（2）在"表格工具/布局"上下文选项卡中，单击"数据"组中的"公式"按钮，打开如图 2-11 所示的"公式"对话框，此时"公式"文本框中自动出现计算公式"=SUM(LEFT)"。

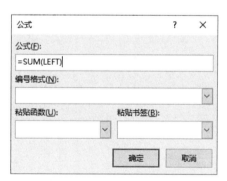

图 2-11　"公式"对话框

（3）单击"确定"按钮，则在当前单元格中插入计算结果。

（4）将第一个总分复制到其他 3 个空白单元格，选择这 3 个单元格，按 F9 功能键更新域，系统可自动计算其他行的总分值，计算结果呈现灰色底纹，效果如图 2-12 所示。

学号	姓名	语文	数学	英语	总分
070101	李平	91	99	75	265
070102	张波	76	88	85	249
070103	王平平	83	81	78	242
070104	赵芳	78	86	75	239

图 2-12　完成总分计算后的效果

（5）单击快速访问工具栏中的"保存"按钮。

表格内数据的计算过程如上所述，但在实际应用过程中，计算的方法和范围可能发生变化，此时应根据实际情况修改函数名和函数参数。函数名的修改可以在"公式"对话框中的"公式"文本框中自行输入，也可以在"粘贴函数"下拉列表中进行选择。但需要注意的是，函数名称前的"＝"（等号）不能省略。另外，当单元格的数据发生改变时，计算结果不能自动更新，必须选定结果，按 F9 功能键更新域后才能更新计算结果。如果有必要，还可以在"编号格式"下拉列表中设置计算结果的显示格式，如设置小数位数等。

在表格数据的计算过程中，用户应该熟悉比较常用的函数和函数参数，还应该对单元格地址的表示有所了解。

（1）常用函数。SUM()：求和函数、AVERAGE()：求平均值函数、MAX()：求最大值函数、MIN()：求最小值函数、COUNT()：计数函数。

（2）常用函数参数。ABOVE（上面所有数字单元格）、LEFT（左边所有数字单元格）、RIGHT（右边所有数字单元格）。

（3）单元格地址的表示。A1：字母代表列序号，数值代表行序号，表示第 1 行第 1 列的单元格；"A1:C5"是指 A1 到 C5 的连续单元格区域。需要注意的是，如果以这种单元格地址表示形式作为函数参数，则不能采用更新域的方法更新计算结果。

2．排序

为了方便用户根据自己的需求查看表格内容，Word 提供了表格数据的排序功能。排序是指以关键字为依据，将原本无序的记录序列调整为有序的记录序列的过程。

例 2-2　在例 2-1 操作完成的基础上，将成绩表按"总分"值从低到高排序，当"总分"相同时，则按"学号"降序排序，操作完成后以原文件名保存。

操作步骤如下：

（1）将光标置于表格任意单元格中。

（2）在"表格工具/布局"上下文选项卡中，单击"数据"组中的"排序"按钮，打开"排序"对话框，如图 2-13 所示。

图 2-13　"排序"对话框

（3）根据需要选择关键字、类型和排序方式。依次选择主要关键字为"总分"，类型为"数字"，排序方式为"升序"。

（4）选择次要关键字、类型和排序方式分别为"学号""数字""降序"。

（5）单击"确定"按钮完成排序。排序后的效果如图 2-14 所示。

学号	姓名	语文	数学	英语	总分
070104	赵芳	78	86	75	239
070103	王平平	83	81	78	242
070102	张波	76	88	85	249
070101	李平	91	99	75	265

图 2-14 排序后的效果

（6）单击快速访问工具栏中的"保存"按钮。

2.3.2 图表的生成

在研究工作以及论文中图表具有不可忽视的作用。它有利于表达各种数据之间的关系，能使复杂和抽象的问题变得直观、清晰。Word 提供了多种类型的图表，如柱形图、饼图、折线图等。

例 2-3 打开文件"成绩表.docx"，为"姓名"列到"英语"列（共 25 个单元格）的内容建立簇状柱形图，操作完成后以原文件名保存。

操作步骤如下：

（1）把插入点定位到表格下方。

（2）单击"插入"选项卡"插图"组中的"图表"按钮，打开"插入图表"对话框，如图 2-15 所示。

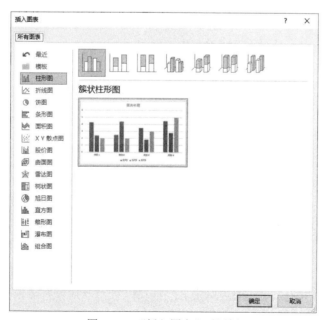

图 2-15 "插入图表"对话框

（3）在该对话框左侧的图表类型列表中选择"柱形图"，在右侧选择"簇状柱形图"，单击"确定"按钮，打开 Excel 窗口。

（4）在 Excel 窗口中编辑图表数据。复制成绩表中从"姓名"列到"英语"列的内容，从 Excel 窗口的 A1 单元格开始粘贴，此时 Word 窗口中将同步显示图表结果，如图 2-16 所示。

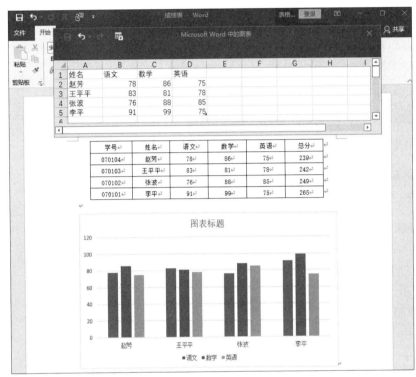

图 2-16　编辑 Excel 数据

（5）关闭 Excel 窗口，在 Word 窗口中已经生成了成绩表数据的图表。

（6）单击快速访问工具栏中的"保存"按钮。

2.4　图文混排

Word 强大的编辑和排版功能，除了体现在对文本、表格对象的处理上，还体现在图形上。合适的图形插入能使文档更美观，条理更清晰。

2.4.1　图形的插入

1．插入形状

单击"插入"选项卡"插图"组中的"形状"按钮，打开形状列表，选择列表中的形状，可以绘制线条、矩形、基本形状等。

绘制各种图形的方法大同小异，下面以绘制"矩形"为例介绍形状的插入方法：

单击"矩形"按钮▢，在文档中单击，或拖动鼠标至合适位置后松开鼠标左键，即完成图形的绘制。图形绘制完成后，功能区将出现"绘图工具/形状格式"上下文选项卡，可在其中对图形进行各种格式设置，如形状样式、排列、大小等。

2．插入图片文件

这里的图片文件是指来自外存储器或网络的图片文件。插入的方法与上述图形对象的插入类似，先将光标定位到插入点，单击"插图"组中的"图片"下拉按钮，单击"此设备"命令，在打开的"插入图片"对话框中选择目标图片文件，然后单击"插入"按钮。

3．插入艺术字

艺术字是经过加工的汉字变形字体，是一种字体艺术的创新，具有装饰性。

在 Word 中，艺术字的插入也十分简单，步骤如下：

（1）将光标定位到插入点，单击"插入"选项卡"文本"组中的"艺术字"按钮，弹出艺术字样式列表，如图 2-17 所示。

图 2-17　艺术字样式列表

（2）选择所需样式，如选择"填充：橙色，主题色 2；边框：橙色，主题色 2"（第 1 行第 3 列），在文本编辑区显示"请在此放置您的文字"提示符，提示符呈选中状态，按 Delete 键将其删除，也可以直接在文本框中输入所需文字，如输入"Word 2016"字样，效果如图 2-18 所示。

Word 2016

图 2-18　插入的艺术字效果

2.4.2　图形的格式设置

1．缩放图形

在文档中插入图形后，常常需要调整大小。操作方法是：单击图形，四周将出现 8 个控制手柄，移动鼠标指针到控制手柄位置，鼠标指针变成双向箭头形状，此时按住鼠标左键拖拽到合适位置，即可调整图形大小。如果需要保持其长宽比，则拖拽图形四角的控制手柄。

除利用鼠标调整图形大小外，还可以通过对话框进行设置：选中图形，单击"绘图工具/形状格式"上下文选项卡，在"大小"组中直接输入高度值和宽度值，或单击该组右下角的"对话框启动器"按钮，打开如图 2-19 所示的"布局"对话框，在"大小"选项卡中进行设置。

图 2-19 "布局"对话框

通常，在缩放图形时不希望因改变长宽比例而造成图像失真，则应选中"锁定纵横比"复选框。

2. 裁剪图片

Word 还提供图片裁剪功能，包括对外部图片、联机图片和屏幕截图的裁剪，但不能裁剪形状、艺术字等图形。图片裁剪方法如下：

（1）选择需要裁剪的图片。

（2）在"图片工具/图片格式"上下文选项卡中，单击"大小"组中的"裁剪"按钮，拖动图片四周的控制手柄，鼠标指针拖拽的部分则被裁剪，如图 2-20 所示的图片将裁掉图片的下半部分和右侧的小部分。

（3）如果需要裁剪出固定的形状，则单击"裁剪"按钮下方的下拉按钮，从下拉选项中选择"裁剪为形状"命令，在下级菜单中选择所需要的形状即可。例如选择形状"五边形"，裁剪后的效果如图 2-21 所示。

图 2-20 裁剪图片

图 2-21 裁剪成一定形状

注意：裁剪图片实质上只是将图片的一部分隐藏起来，而并未真正裁去。可以使用"裁剪"按钮工具反向拖动进行恢复。

3. 修饰图形

对于插入的形状，可以通过颜色、纹理和图案填充等设置对其进行修饰美化。修饰图形方法如下：

（1）选择图形，打开"绘图工具/形状格式"上下文选项卡，如图 2-22 所示。

图 2-22　"绘图工具/形状格式"上下文选项卡

（2）单击"形状样式"组右侧的"其他"按钮，在打开的形状样式列表中选择合适的样式。

（3）还可以通过单击"形状样式"组右下角的"对话框启动器"按钮，在打开如图 2-23 所示的"设置形状格式"任务窗格中进行更复杂的设置。

单击"填充"下的"渐变填充"单选按钮，此时可以进行预设渐变的选择，从"预设渐变"下拉列表中选择系统提供的预设渐变。例如，为矩形形状填充"中等渐变-个性色 2"预设渐变后，效果如图 2-24 所示。

图 2-23　"设置形状格式"任务窗格

图 2-24　填充预设渐变效果

2.4.3　设置图形与文字混合排版

1. 设置图形与文字环绕方式

图形与文字环绕方式是对图形和周边文本之间的位置关系描述，常用的有嵌入型、紧密型、四周型、穿越型、衬于文字下方等。设置图形与文字环绕方式的操作过程如下：

（1）选中要进行设置的图形，打开"图片工具/图片格式"上下文选项卡。

（2）单击"排列"组中的"环绕文字"按钮，在展开的下拉列表中选择所需环绕方式，如图 2-25 所示。

（3）如果需要进行更复杂的设置，则在"环绕文字"下拉列表中单击"其他布局选项"命令，打开如图 2-26 所示的"布局"对话框，在"文字环绕"选项卡中进行设置。可以根据需要设置环绕方式、环绕文字、与正文文字的距离。

图 2-25　"环绕文字"下拉列表　　　　图 2-26　"布局"对话框

选择不同的环绕方式会产生不同的图文混排效果，表 2-4 描述了不同环绕方式在文档中的布局效果。

表 2-4　各种环绕方式产生的布局效果

环绕方式	在文档中的效果
嵌入型	图形插入到文字层。可以拖动图形，但只能从一个段落标记移动到另一个段落标记中
四周型	文字环绕在图形周围，文字和图形之间有一定间隙
紧密型环绕	文字显示在图形轮廓周围，文字可覆盖图形主体轮廓外的上方
穿越型环绕	文字围绕着图形的环绕顶点，这种环绕样式产生的效果与"紧密型环绕"相同
上下型环绕	文字只位于图形之前或之后，不在图形左右两侧
衬于文字下方	嵌入在文档底部或下方的绘制层，文字位于图形上方
浮于文字上方	嵌入在文档上方的绘制层，文字位于图形下方

2. 设置图形在页面上的位置

设置图形在页面上的位置是指插入的图形在当前页的布局情况。其操作方法如下：

（1）选中要设置的图形，打开"图片工具/图片格式"上下文选项卡。

（2）单击"排列"组中的"位置"按钮，在展开的下拉列表中选择需要的布局方式。

（3）如果需要进行更复杂的设置，则可以在"位置"下拉列表中单击"其他布局选项"命令，在打开的"布局"对话框中单击"位置"选项卡，根据需要设置"水平""垂直"位置以及相关选项。

2.5　应用案例——图文混排

在制作 Word 文档时，根据需要把各种对象插入文档中，包括图片、文本框、SmartArt 图形等。

2.5.1　案例描述

（1）新建一个 Word 文档，输入下列内容：

> 插入形状：单击"插入"选项卡"插图"组中的"形状"按钮，打开形状列表，选择列表中的形状，可以绘制线条、矩形、基本形状等。
>
> 插入图片文件：这里的图片文件是指来自外存储器或网络的图片文件。插入的方法与上述图形对象的插入类似，先将光标定位到插入点，单击"插图"组中的"图片"下拉按钮，单击"此设备"命令，在打开的"插入图片"对话框中选择目标图片文件，然后单击"插入"按钮。
>
> 插入艺术字：艺术字是经过加工的汉字变形字体，是一种字体艺术的创新，具有装饰性。

（2）插入一个形状"基本形状/笑脸"，设置"环绕文字"为"四周型"，放置于文档第 1 段右侧。

（3）插入 3 行 4 列的艺术字"图文混排"，设置"环绕文字"为"嵌入型"，放置于文档最前面。

（4）在文档最后插入一个"简单文本框"，文本框内容是"插入文本框"。

（5）插入任意一幅联机图片，设置"环绕文字"为"四周型"，设置图片"宽度"为"3 厘米"，"高度"为"4 厘米"，放置于第 2 段文字中间。

（6）用文件名"图文混排.docx"保存。

2.5.2　案例操作步骤

1．新建文档

单击"文件"→"新建"→"空白文档"，输入上述指定内容。

2．插入形状

（1）单击"插入"选项卡"插图"组中的"形状"下拉按钮，打开形状列表，如图 2-27 所示，在"基本形状"中选择"笑脸"，在文档中单击，或拖动鼠标至合适位置后松开鼠标左键，即完成图形的绘制。

（2）选定图形，单击"绘图工具/形状格式"上下文选项卡，单击"排列"组中的"自动换行"下拉按钮，选择下拉列表中的"四周型"命令，如图 2-28 所示。

（3）按住鼠标左键拖动图形到第一段文字右侧。

3．插入艺术字

（1）单击"插入"选项卡"文本"组中的"艺术字"下拉按钮，单击列表中的第 3 行第 4 列，如图 2-29 所示。删除"请在此放置您的文字"，输入"图文混排"，如图 2-30 所示。

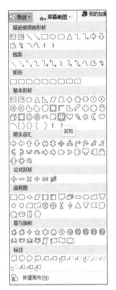

图 2-27　"形状"列表

图 2-28　"环绕文字"列表

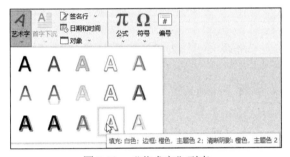

图 2-29　"艺术字"列表

图 2-30　艺术字效果

（2）选定图形，单击"绘图工具/形状格式"上下文选项卡，单击"排列"组中的"环绕文字"下拉按钮，单击下拉列表中"嵌入型"命令。

（3）按住鼠标左键拖动图形到文章最前面。

4．插入文本框

定位插入点在文档最后。单击"插入"选项卡"文本"组中的"文本框"下拉按钮，在下拉列表中选择"简单文本框"，在文本框中输入"插入文本框"。

5．插入联机图片

（1）单击"插入"选项卡"插图"组"图片"下拉列表中的"联机图片"命令，Word自动打开插入图片的对话框。

（2）单击"搜索必应"的搜索按钮。单击任意一个联机图片中的任意一个"查看全部"，选择任意一个图片，单击"插入"按钮，可将该图片插入到文档中。

（3）选定图形，单击"图片工具/图片格式"上下文选项卡，单击"排列"组中的"环绕文字"下拉按钮，单击下拉列表中"四周型"命令。

（4）选定图形，单击"图片工具/图片格式"上下文选项卡，单击"大小"组右下角的"对话框启动器"按钮，在打开的"布局"对话框中进行设置。

（5）取消选中"锁定纵横比"复选项，将"宽度"和"高度"分别设置为 3 厘米和 4 厘米，如图 2-31 所示。单击"确定"按钮。

图 2-31　图片"布局"对话框"大小"选项卡

（6）按住鼠标左键拖动图形到第 2 段文字中间。

6. 保存文件

（1）单击"文件"→"保存"命令，单击"浏览"按钮。

（2）在"另存为"对话框中，用文件名"图文混排"保存到 D 盘。

习题 2

一、思考题

1. 在 Word 中，表格列宽的调整方式有哪几种？

2. 在 Word 的一张表格中，对同一列的 3 个连续单元格进行合并，然后再拆分此单元格，则行数可选择的数字有哪些？

3. 在修改图形的大小时，若需要保持其长宽比例不变，应该怎样操作？

4. 图形与周边文字混排的方式有哪几种？如何设置？

二、操作题

1. 在 Word5.docx 文件中，按照要求完成下列操作并以原文件名保存文档。

（1）将标题设置为艺术字，艺术字样式为 3 行 2 列的艺术字，字体为华文细黑，字号为 20 号，环绕方式为"上下型环绕"。

（2）将正文的第一句设置为黑体、小四号、标准色蓝色，加双实线的下划线，下划线颜色为标准色红色；将正文行距设置为固定值 20 磅，各段首行缩进 2 个字符。

（3）在文档末尾建立如下所示的表格。

生物工程学院 2021 级《计算机应用基础》成绩单

学号	姓名	平时成绩	期末成绩	总评成绩
20211001	周小天	75	80	
20211007	李平	80	72	
20211020	张华	87	67	
20211025	刘一丽	78	84	

（4）利用公式计算总评成绩（总评成绩=平时成绩*30%+期末成绩*70%）。设置表格标题文字为黑体小三号、居中对齐，表格其他文字设置为幼圆四号、居中对齐。设置表格的外框线为 3 磅花线、内框线为 1.5 磅单实线。

2．在 Word6.docx 文件中，按照要求完成下列操作并以原文件名保存文档。

（1）将文中文字转换为一个 8 行 4 列的表格，将表格样式设置为内置"浅色列表，强调文字颜色 2"。

（2）设置表格居中，表格中所有文字水平居中。

（3）设置表格各列列宽为 2 厘米、各行行高为 0.5 厘米，单元格左、右边距各为 0.25 厘米。

（4）设置表格外框线为 0.5 磅红色双窄线、内框线为 0.5 磅蓝色单实线。

（5）按"股票"列依据"拼音"类型降序排列表格内容。

3．在 Word7.docx 文件中，按照要求完成下列操作并以原文件名保存文档。

（1）设置标题"路德维希·凡·贝多芬"的字体为"黑体"，字号为"二号"，字形为"加粗"，对齐方式为"居中"，段前、段后间距均为"15 磅"。

（2）设置副标题"——我要扼住命运的咽喉"的字体为"黑体"，字号为"三号"，字形为"倾斜"，对齐方式为"右对齐"，段后间距为"13 磅"。

（3）设置正文所有段落字号为"小四"，首行缩进为"21 磅"，段后间距为"15 磅"。

（4）将图片文件 W04-M.jpg 插入到正文第 1 段右侧，图片高度和宽度缩放比例为"50%"，环绕方式为"四周型"。

4．在 Word8.docx 文件中，按照要求完成下列操作并以原文件名保存文档。

（1）将标题段文字（木星及其卫星）设置为 18 磅华文行楷、居中，字符间距加宽 6 磅。

（2）设置正文各段（木星是太阳系中……简介：）段前间距为 0.5 行，设置正文的第一段（木星是太阳系中……公斤。）首字下沉 2 行（距正文 0.1 厘米），将正文的第一段末尾处"1027 公斤"中的"27"设置为上标形式。

（3）将文中后 17 行文字转换成一个 17 行 4 列的表格，设置表格居中、表格中所有文字水平居中、表格列宽为 3 厘米，设置所有表格框线为 1 磅蓝色单实线。

（4）按"半径（km）"列依据"数字"类型升序排列表格内容。

第 3 章　长文档的编辑与管理

前面介绍了 Word 中的字符、表格、图形等文档对象的常规编辑和排版操作，但在编辑毕业论文这样的长文档时，上述常规操作已很难满足编排的要求。如果不掌握一定的长文档编排技巧，不仅会导致编排效率低下，甚至会无法达到文档所要求的质量。本章介绍长文档的编辑和排版方法，从而提高编辑和管理文档的工作效率。

本章知识要点包括样式的应用与操作方法；域的使用方法；插入脚注、尾注和题注的方法以及文档内容的引用操作；文档的分页和分节操作以及文档页眉、页脚的设置；创建目录与索引的方法。

3.1　设置样式

样式是被命名并保存的一系列格式的集合，是 Word 中最强有力的格式设置工具之一。使用样式能够准确、快速地设置长文档的格式，减少了长文档编排过程中大量重复的格式设置操作。

样式有内置样式和自定义样式两种。内置样式是指 Word 软件自带的标准样式，自定义样式是指用户根据文档需要而设定的样式。

3.1.1　设置内置样式

Word 软件提供了丰富的样式类型。"开始"选项卡"样式"组的快速样式库含有多种内置样式，其中"正文""无间隔""标题 1""标题 2"等都是内置样式名称。将鼠标指向各种样式时，光标所在段落或选中的对象就会自动呈现出当前样式应用后的视觉效果。单击快速样式库右侧的"其他"按钮，在弹出的样式列表（图 3-1）中可以选择更多的内置样式。

图 3-1　样式列表

若样式列表中没有显示所需的样式，则单击"样式"组右下角的"对话框启动器"按钮，打开如图 3-2 所示的"样式"任务窗格。在当前任务窗格中，单击右下角的"选项"命令，打开"样式窗格选项"对话框，如图 3-3 所示。单击"选择要显示的样式"下方的下拉按钮，在弹出的下拉列表中选择"所有样式"选项，则显示出所有的内置样式，如图 3-4 所示。

 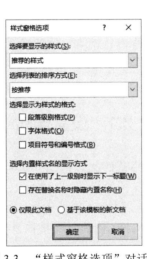 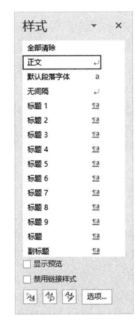

图 3-2   "样式"任务窗格　　图 3-3   "样式窗格选项"对话框　　图 3-4   所有内置样式

将鼠标指针停留在列表框中的样式名称上时会显示该样式包含的格式信息。下面举例说明应用内置样式进行文档段落格式的设置。

例 3-1　对如图 3-5 所示的"样式文档.docx"文件进行格式设置。要求对章标题（如"第 1 章 Word 文档编辑与排版"字样）应用"标题 1"样式，对节标题（如"1.1 Word 2016 的操作界面"字样）应用"标题 2"样式，对节内的小标题（如"1.2.1 文档的新建与打开"字样）应用"标题 3"样式，操作完成后以原文件名保存。

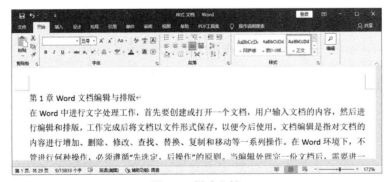

图 3-5   样式文档

操作步骤如下：

（1）打开"样式文档.docx"文件，将光标定位在章标题行的任意位置或选中章标题文本。

（2）单击"样式"组中的"标题 1"内置样式，或者单击"样式"组右下角的"对话框启动器"按钮，在打开的"样式"任务窗格中选择"标题 1"样式。

（3）将光标定位在节标题行或选中节标题文本。

（4）与步骤（2）操作类似，选择"标题 2"内置样式。

（5）将光标定位在节内的小标题行或选中节标题中的小标题文本。

（6）与步骤（2）操作类似，选择"标题 3"内置样式。

（7）单击快速访问工具栏中的"保存"按钮。

在上述操作过程中，为了提高效率，可以通过以下两种方法快速设置样式：

（1）利用 Ctrl 键配合鼠标选择不连续对象的方法，将同一层次的标题选中后再一次性设置所需样式。

（2）设置其中一个标题的样式，再利用"格式刷"设置同一层次标题的样式。

到目前为止，已完成所有标题行的样式设置，效果如图 3-6 所示。

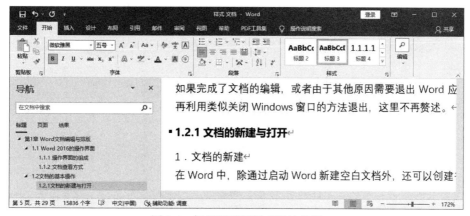

图 3-6　标题行设置样式后的效果

3.1.2　修改样式

内置样式和用户新建的样式都能进行修改。可以先修改样式再应用，也可以在样式应用之后再修改。下面以已经设置好的标题样式为例。

例 3-2　在例 3-1 操作完成的基础上，将已经设置为"标题 1"样式的章标题修改为：居中，段前和段后间距均 10 磅，行距 36 磅。然后，将正文所有段落首行缩进 2 个字符，操作完成后以"样式文档例 3-2"文件名保存。

操作步骤如下：

（1）将光标定位至已应用样式标题行，此时"开始"选项卡的"样式"组中自动选中该样式名称，如果该样式没有出现在样式列表中，则通过 3.1.1 节中介绍的方法显示该样式。

（2）在该样式名称上右击，弹出如图 3-7 所示的快捷菜单，选择"修改"命令，打开"修改样式"对话框，如图 3-8 所示。

（3）可在"格式"区域进行字体和段落格式修改，同时在预览区域下方显示了当前样式的字体和段落格式。单击"格式"按钮，在弹出的选项中选择"段落"命令，在打开的"段落"对话框中进行如图 3-9 所示的设置，单击"确定"按钮，回到"修改样式"对话框。

图 3-7　选择"修改"命令　　　　图 3-8　"修改样式"对话框

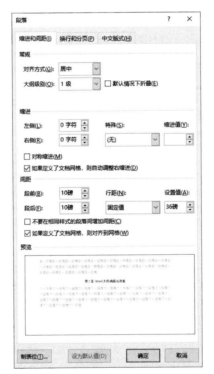

图 3-9　修改样式的段落设置

（4）单击"确定"按钮，此时文中应用了"标题 1"样式的所有段落已经自动应用了修改后的样式。

（5）修改正文样式。正文样式的修改方法与上述方法相同，将光标定位到除标题之外的任意行，此时样式列表中"正文"样式呈选定状态，在该样式上右击，在弹出的快捷菜单中选择"修改"命令，后续操作与修改"标题 1"样式类似。操作完成后，所有段落首行都缩进了 2 个字符。

（6）单击"文件"→"另存为"命令，单击"浏览"按钮，以"样式文档例 3-2"文件名保存。

注意：如果对内置样式不太满意，先打开"样式"任务窗格，在该列表中单击"管理样式"按钮⚙打开"管理样式"对话框，在"选择要编辑的样式"列表框中选择需要修改的样式，单击下方的"修改"按钮，打开如图 3-8 所示的"修改样式"对话框，后续操作与上述相同。

3.1.3　新建样式

在应用内置样式的基础上进行修改就可实现所需样式的设置，但也可以根据需要自定义新样式。新建样式操作过程如下：

（1）单击"开始"选项卡"样式"组右下角的"对话框启动器"按钮，打开如图 3-2 所示"样式"任务窗格。

（2）单击列表左下角的"新建样式"按钮，打开"根据格式化创建新样式"对话框，如图 3-10 所示。

图 3-10　"根据格式化创建新样式"对话框

（3）在"名称"文本框中键入新建样式的名称，在"样式类型"下拉列表中选择"段落""字符""表格""列表"和"链接段落和字符"五种样式类型中的一种。如果要使新建样式基于已有样式，可在"样式基准"下拉列表中选择原有的样式名称。"后续段落样式"则用来设置在当前样式段落键入回车键后下一段落的样式，其他设置与修改样式方法相同。

（4）设置完成后单击"确定"按钮，新建的样式名称将出现在"样式"任务窗格中，在

"开始"选项卡的"样式"组中也将出现新建的样式名称。

新建样式的应用方法与内置样式应用方法相同。

3.1.4　复制并管理样式

在编辑文档的过程中，如果需要使用其他文档或模板的样式，可以将样式复制到当前的活动文档或模板中，而不必重复创建相同的样式。

例 3-3　新建文件"文档 1"，将文件"例 3-3.docx"中的"标题样式 1""标题样式 2""标题样式 3"三种样式复制到"文档 1"中。

操作步骤如下：

（1）新建文档，文件名为"文档 1"。

（2）单击"开始"选项卡"样式"组中的"对话框启动器"按钮，打开"样式"任务窗格。

（3）单击"样式"任务窗格底部的"管理样式"按钮，打开如图 3-11 所示的对话框。

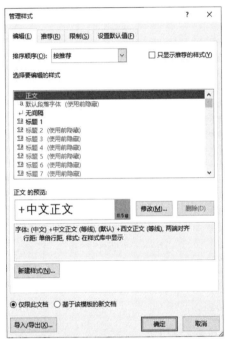

图 3-11　"管理样式"对话框

（4）单击"导入/导出"按钮，打开如图 3-12 所示的"管理器"对话框。在"样式"选项卡中，左侧区域显示当前文档中所包含的样式列表，右侧区域显示 Word 默认文档模板中所包含的样式，默认文档为 Normal.dotm（共用模板），该文档并非用户所要复制样式的文件"例 3-3.docx"。

（5）为了改变目标文档，单击右侧的"关闭文件"按钮。文档关闭后，原来的"关闭文件"按钮自动变成"打开文件"按钮。

（6）单击"打开文件"按钮，弹出"打开"对话框。在"文件类型"下拉列表中选择"所有文件"，然后找到文件"例 3-3.docx"。

图 3-12　"管理器"对话框

（7）单击"打开"按钮，此时在"管理器"对话框的右侧将显示包含在"例 3-3.docx"文档中的可选样式列表，如图 3-13 所示。

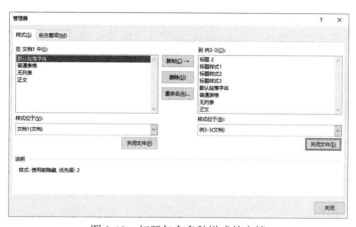

图 3-13　打开包含多种样式的文档

（8）选中右侧样式列表中的样式"标题样式 1""标题样式 2""标题样式 3"，然后单击"复制"按钮，将选中的三种样式复制到"文档 1"中，如图 3-14 所示。

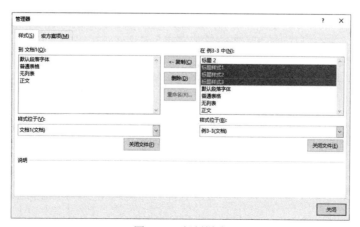

图 3-14　复制样式

（9）单击"关闭"按钮，此时"标题样式 1""标题样式 2""标题样式 3"三种样式已经添加到"文档 1"的样式列表中。

注意： 在复制样式时，可以把样式从左边打开的文档或模板中复制到右边的文档或模板中，反之亦然。

如果目标文档或模板已经存在相同名称的样式，Word 会给出提示，可以决定是否要改写现有的样式词条。如果既想要保留现有样式，又想将其他文档或模板的同名样式复制到当前文档中，则可以在复制前对样式进行重命名。

3.1.5　设置多级列表标题样式

在长文档的编辑排版过程中，除样式外，Word 还提供了诸多简便高效的排版功能。例如，通过设置多级列表可为标题自动编号，并在后期修改内容时系统会自动重新调整序号，可以大大节省因手动调整序号而消耗的时间。

要正确设置多级列表标题样式，首先需要了解标题样式与大纲级别的关系。

Word 文档中，一种样式对应一种大纲级别。默认的"标题 1"样式对应的大纲级别是 1 级，"标题 2"是 2 级，依次类推。Word 共支持 9 个大纲级别的设置。这种排列有从属关系，也就是说，大纲级别为 2 级的段落从属于 1 级，3 级的段落从属于 2 级……9 级的段落从属于 8 级。

内置样式库中的标题样式通常用于各级标题段落，但它们是不带自动编号的。下面以完成例 3-2 操作的"样式文档.docx"文件为例，介绍多级自动编号标题样式的设置方法。

例 3-4　在例 3-2 操作完成的基础上，将"样式文档例 3-2.docx"文件按如表 3-1 所示的要求应用多级列表功能完成标题的自动编号设置。编号生成后，检查是否与原标题编号一致，并删除原编号。操作完成后以"样式文档例 3-4"文件名保存，在导航窗格中的显示效果如图 3-15 所示。

表 3-1　标题编号格式设置要求

标题范围	样式	编号格式
章标题	标题 1	"第 X 章"格式，其中 X 为自动编号，如"第 1 章"
节标题	标题 2	"X.Y"格式，其中 X 为章序号，Y 为节序号，如"1.1"
节内小标题	标题 3	"X.Y.Z"格式，其中 X 为章序号，Y 为节序号，Z 为小节内标题序号，如"1.1.1"

操作步骤如下：

（1）将光标定位在任意"标题 3"样式段落，单击"开始"选项卡"段落"组中的"多级列表"下拉按钮，弹出如图 3-16 所示的下拉列表。

（2）选择"定义新的多级列表"按钮，打开"定义新多级列表"对话框。

（3）单击左下角的"更多"按钮，此时"更多"按钮自动变为"更少"按钮，如图 3-17 所示。

图 3-15　设置后的效果

图 3-16　多级列表下拉列表

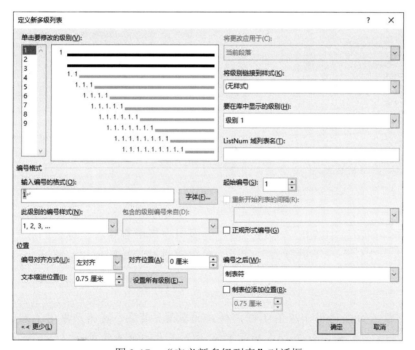

图 3-17　"定义新多级列表"对话框

（4）设置大纲级别为 1 级的标题编号样式。在"定义新多级列表"对话框左侧的"单击要修改的级别"处选择"1"，将光标定位至"输入编号的格式"文本框中，为了在章标题前显示"第*章"的编号形式，需要在符号"1"前后分别输入"第"和"章"字样（不能删除文本框中带有灰色底色的数值）。同时，还可以为当前样式设置对齐方式、文本缩进位置等。在对话框右侧的"将级别链接到样式"下拉列表中选择"标题 1"，在"要在库中显示的级别"下拉列表中选择"级别 1"，即将以上的设置效果应用到已应用了"标题 1"样式的所有段落。

（5）在"单击要修改的级别"处选择"2"，可先删除"输入编号的格式"文本框中的自动编号"1.1"，然后在"包含的级别编号来自"下拉列表中选择"级别1"，即第一个编号取章序号，在"输入编号的格式"文本框中将自动出现"1"，输入分隔符"."（小数点）。在"此级别的编号样式"下拉列表中选择"1，2，3，…"的编号样式。此时，在"输入编号的格式"文本框中将出现节序号"1.1"。根据要求再设置其他选项。在"将级别链接到样式"下拉列表中选择"标题2"样式，在"要在库中显示的级别"下拉列表中选择"级别2"。

（6）与步骤（5）类似，在"单击要修改的级别"处选择"3"，在"包含的级别编号来自"下拉列表中选择"级别1"，输入"."，继续选择"级别2"再次输入"."，在"此级别的编号样式"下拉列表中选择"1，2，3，…"编号样式。在"将级别链接到样式"下拉列表中选择"标题3"样式，在"要在库中显示的级别"下拉列表中选择"级别3"，单击"确定"按钮。

（7）此时，各级标题前都自动添加了与原编号相同的编号。在自动生成的编号处单击，可见自动编号呈灰色底纹，设置完成后的效果如图3-18所示。

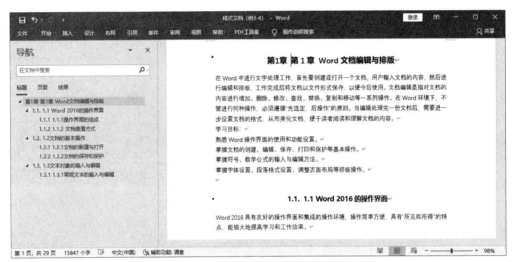

图 3-18　标题自动编号后的效果

（8）单击导航窗格中的相应标题，从右侧编辑窗口中删除各级标题的原有编号。

（9）单击"文件"→"另存为"命令，单击"浏览"按钮，以"样式文档例3-4"文件名保存。

注意：

（1）以上设置方法适用于应用了任何样式的段落，其实，该例只应用了默认的标题样式，所以在"定义新多级列表"对话框中的设置可比上述方法更为简单：

1）单击要修改的级别"1"，在"输入编号的格式"文本框中"1"前后分别输入"第"和"章"字样。在"将级别链接到样式"下拉列表中选择"标题1"，在"要在库中显示的级别"下拉列表中选择"级别1"。

2）单击要修改的级别"2"，在右侧分别选择"标题2"样式和"级别2"。

3）单击要修改的级别"3"，在右侧分别选择"标题3"样式和"级别3"。

（2）设置多级列表编号成功的关键在于以下三个因素：

1）已为段落设置相应样式。

2）如果采用非系统默认的"标题 1""标题 2""标题 3"标题样式，则在设置该级编号时，先应删除"输入编号的格式"文本框中的自动编号，再根据要求在"包含的级别编号来自"下拉列表中选择该级别编号的来源。

3）在"将级别链接到样式"下拉列表中正确选择对应的样式。

3.2　添加注释

注释是指对有关字、词、句进行补充说明，提供有一定重要性但写入正文将有损文本条理和逻辑的解释性信息。如脚注、尾注，添加到表格、图表、公式或其他项目上的名称和编号标签都是注释对象。

3.2.1　插入脚注和尾注

脚注和尾注主要用于在文档中对文本进行补充说明，如单词解释、备注说明或提供文档中引用内容的来源等。脚注通常位于页面的底部，尾注则位于文档结尾处，用来集中解释需要注释的内容或标注文档中所引用的其他文档名称。脚注和尾注都由两部分组成：引用标记与注释内容。

脚注和尾注的插入、修改或编辑方法完全相同，区别在于它们出现的位置不同。本节以脚注为例介绍其相关操作。

1．插入脚注

例 3-5　在例 3-4 操作完成的基础上，为"样式文档例 3-4.docx"第 5 页中的"文档的新建"文本添加注释"新建文档可以新建空白文档，也可以根据模板新建文档等。"操作完成后以"样式文档例 3-5"文件名保存。

操作步骤如下：

（1）将光标定位到"文档的新建"后面，单击"引用"选项卡"脚注"组中的"插入脚注"按钮，此时在"建"字右上角出现脚注引用标记，同时在当前页面左下角出现横线和闪烁的光标。

（2）在光标处输入注释内容"新建文档可以新建空白文档，也可以根据模板新建文档等。"即完成脚注的插入。

脚注插入完成后，将鼠标指针停留在脚注标记上，注释文本就会以浮动的方式显示，如图 3-19 所示。

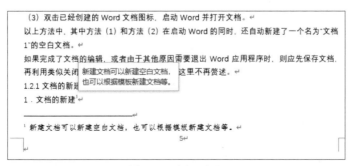

图 3-19　插入脚注

（3）单击"文件"→"另存为"命令，单击"浏览"按钮，以"样式文档例 3-5"文件名保存。

2. 修改或删除注释分隔符

在上例中，用一条短横线将文档正文与脚注或尾注分隔开，这条线称为注释分隔符，可以进行修改或删除，方法如下：

（1）在"视图"选项卡中，单击"草稿"按钮，将文档视图切换到草稿视图模式。

（2）单击"引用"选项卡"脚注"组中的"显示备注"按钮。

（3）在文档正文的下方将出现如图 3-20 所示的操作界面，在"脚注"下拉列表中选择"脚注分隔符"。

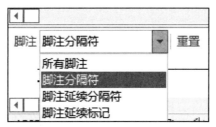

图 3-20   修改或编辑脚注

（4）如果要删除注释分隔符，则在窗格底部选择分隔符后按 Delete 键。

（5）单击状态栏右侧的"页面视图"按钮切换到页面视图，注释分隔符已被删除，但注释内容仍然保留。

3. 删除脚注

要删除单个脚注，只需选定文本右上角的脚注引用标记后按 Delete 键。如果需要一次性删除所有脚注，则方法如下：

（1）单击"开始"选项卡"编辑"组中的"替换"按钮，打开"查找和替换"对话框。

（2）单击"更多"按钮，将光标定位在"查找内容"文本框中，单击"特殊格式"按钮。

3.2.2　插入题注与交叉引用

题注与交叉引用

题注是添加到表格、图表、公式或其他项目上的名称和编号标签，由标签及编号组成。使用题注可以使文档条理清晰，方便阅读和查找。交叉引用是在文档的某个位置引用文档另外一个位置的内容，例如引用题注。

1. 插入题注

题注插入的位置因对象不同而不同，一般情况下，题注插在表格的上方、图片等对象的下方。在文档中定义并插入题注的操作步骤如下：

（1）将光标定位到插入题注的位置。

（2）单击"引用"选项卡"题注"组中的"插入题注"按钮，打开"题注"对话框，如图 3-21 所示。

（3）根据添加的具体对象，在"标签"下拉列表中选择相应标签，如图表、表格、公式等，单击"确定"按钮返回。

如果需要在文档中使用自定义的标签，则单击"新建标签"按钮，在打开的"新建标签"

对话框中，输入新标签名称，例如新建标签"图"，如图 3-22 所示，单击"确定"按钮返回"题注"对话框。

图 3-21　"题注"对话框

图 3-22　新建标签

（4）设置完成后单击"确定"按钮，即可将题注添加到相应的文档位置。

注意：在插入题注时，还可以将编号和文档的章节序号联系起来。单击"题注"对话框中的"编号"按钮，在打开的"题注编号"对话框中，勾选"包含章节号"复选框，例如，选择"章节起始样式"下拉列表中的"标题 1"选项，连续单击两次"确定"按钮，完成如"图1-"样式题注的插入。

2．交叉引用

在 Word 中，可以在多个不同的位置使用同一个引用源的内容，这种方法称为交叉引用。可以为标题、脚注、书签、题注等项目创建交叉引用。交叉引用实际上就是在要插入引用内容的地方建立一个域，当引用源发生改变时，交叉引用的域将自动更新。

（1）创建交叉引用。本节以事先创建好的题注为例介绍交叉引用。创建交叉引用的操作步骤如下：

1）将光标定位到要创建交叉引用的位置，单击"引用"选项卡"题注"组中的"交叉引用"按钮，打开"交叉引用"对话框，如图 3-23 所示。

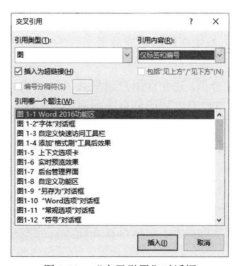

图 3-23　"交叉引用"对话框

2）在"引用类型"下拉列表中选择要引用的项目类型，如选择"图"，在"引用内容"下拉列表中选择要插入的信息内容，例如选择"仅标签和编号"，在"引用哪一个题注"下拉列表中选择要引用的题注，如选择"图 1-1Word 2016 功能区"，然后单击"插入"按钮，题注编号"图 1-1"自动添加到文档中的插入点。

3）单击"取消"按钮，退出交叉引用的操作。

（2）更新题注和交叉引用。在文档中被引用项目发生变化后，如添加、删除或移动了题注，则题注编号和交叉引用也应随之发生改变。但在上述有些操作过程中，系统并不会自动更新，此时就必须采用手动更新的方法：

1）若要更新单个题注编号和交叉引用，则选定对象；若要更新文档中所有的题注编号和交叉引用，则选定整篇文档。

2）按 F9 功能键同时更新题注和交叉引用。也可以在所选对象上右击，在弹出的快捷菜单中选择"更新域"命令，即可实现所选范围题注编号和交叉引用的更新。

3.3　页面排版

通常情况下，当文档的内容超过纸型能容纳的内容时，Word 会按照默认的页面设置产生新的一页。但如果用户需要在指定的位置产生新页，则只能利用插入分隔符的方法强制分页。

3.3.1　分页

1．插入分页符

分页符位于上一页结束与下一页开始的位置。插入分页符的操作步骤如下：

（1）将光标定位到需要分页的位置。

（2）单击"布局"选项卡"页面设置"组中的"分隔符"按钮，在弹出的下拉列表中，选择"分页符"区域的"分页符"命令，则在插入点位置插入一个分页符。

也可以按 Ctrl+Enter 组合键实现快速手动分页。

2．分页设置

Word 不仅允许用户手动分页，还允许用户调整自动分页的有关属性。例如，用户可以利用分页选项避免文档中出现"孤行"，避免在段落内部、表格中或段落之间进行分页等，设置步骤如下：

（1）选定需分页的段落。

（2）单击"开始"选项卡"段落"组右下角的"对话框启动器"按钮，打开"段落"对话框。

（3）选择"换行和分页"选项卡，可以设置各种分页控制，如图 3-24 所示。

图 3-24　"换行和分页"选项卡

该选项卡中，不同的选项对分页起到的控制作用也各不相同，表 3-2 对各选项起的作用进行了说明。

表 3-2 "换行和分页"选项卡中的选项说明

选项	说明
孤行控制	防止该段的第一行出现在页尾或最后一行出现在页首，否则该段整体移到下一页
与下段同页	用于控制该段需与下段同页，表格标题一般设置此项
段中不分页	防止该段从段中分页，否则该段整体移到下一页
段前分页	用于控制该段必须另起一页

3.3.2 分节

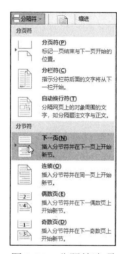

"节"是文档的一部分，是一段连续的文档块。所谓分节，可理解为将 Word 文档分为几个子部分，对每个子部分可单独设置页面格式。插入分节符的操作步骤如下：

（1）将光标定位在需要分节的位置。

（2）单击"布局"选项卡"页面设置"组中"分隔符"按钮，弹出如图 3-25 所示的下拉列表，例如选择"分节符"区域的"下一页"选项，则在插入点位置插入一个分节符，同时插入点从下一页开始。

在实际操作过程中，往往需要根据具体情况插入不同类型的分节符，Word 共提供 4 种分节符，其功能各不相同，表 3-3 对分节符的类型及功能进行了说明。

图 3-25 分隔符选项

表 3-3 分节符的类型及其功能

分节符类型	功能
下一页	插入一个分节符并分页，新节从下一页开始
连续	插入一个分节符，新节从当前插入位置开始
偶数页	插入一个分节符，新节从下一个偶数页开始
奇数页	插入一个分节符，新节从下一个奇数页开始

注意：

（1）分页符是将前后的内容隔开到不同的页面，如果没有分节，则整个 Word 文档所有页面都属于同一节。而分节符是将不同的内容分隔到不同的节。一页可以包含多节，一节也可以包含多页。

（2）同节的页面可以拥有相同的页面格式，而不同的节可以不相同，互不影响。因此，要对文档的不同部分设置不同的页面格式，则必须进行分节操作。

3.3.3 设置页眉页脚

页眉和页脚通常用于显示文档的附加信息，如日期、页码、章标题等。其中，页眉在页面的顶部，页脚在页面的底部。

1. 插入相同的页眉页脚

默认情况下，在文档中任意一页插入页眉或页脚，则其他页面都生成与之相同的页眉或页脚。插入页眉的操作步骤如下：

（1）将光标定位到文档中的任意位置，单击"插入"选项卡。

（2）在"页眉和页脚"组中单击"页眉"按钮。

（3）在弹出的下拉列表中选择需要的内置样式选项，如图 3-26 所示，则当前文档的所有页面都添加了同一样式页眉。

（4）在页眉处添加所需文本，此时为每个页面添加相同页眉。

类似地，单击"插入"选项卡"页眉和页脚"组中的"页脚"按钮，在弹出的如图 3-27 所示的下拉列表中，选择需要的内置样式选项，即可为每个页面设置页脚。

页眉页脚的删除与页眉页脚的插入过程类似，分别在图 3-26 和图 3-27 中选择"删除页眉"和"删除页脚"命令。

图 3-26 内置页眉样式

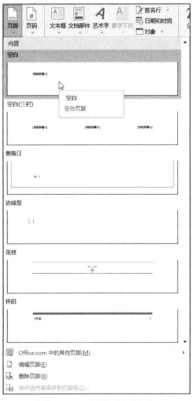

图 3-27 内置页脚样式

2. 插入不同的页眉页脚

在长文档的编辑过程中，经常需要对不同的页面设置不同的页眉页脚。如首页与其他页页眉页脚不同，奇数页与偶数页页眉页脚不同。

（1）设置首页不同。"首页不同"是指在当前节中，首页的页眉页脚和其他页不同。设置首页不同的方法如下：

1）在需要设置首页不同的节中双击该节任意页面的页眉或页脚区域，此时在功能区中出现如图 3-28 所示的"页眉和页脚工具/页眉和页脚"上下文选项卡。

图 3-28　页眉和页脚工具

2）在"选项"组中选中"首页不同"复选框，这样首页就可以单独设置页眉页脚了。

（2）设置奇偶页不同。"奇偶页不同"是指在当前节中，奇数页和偶数页的页眉页脚不同。默认情况下，同一节中所有页面的页眉页脚都是相同的（首页不同除外），不论是奇数页还是偶数页，修改任意页的页眉页脚，其他页面都进行了修改。只有在如图 3-28 所示的"选项"组中选中"奇偶页不同"复选框，才可以分别为奇数页和偶数页设置不同的页眉页脚。此时，只需修改某一奇数页或偶数页页眉页脚，所有奇数页或偶数页的页眉页脚都会随之发生相应的改变（首页不同除外）。

（3）为不同的节设置不同页眉页脚。当文档中存在多个节时，默认情况下，图 3-28 中"导航"组中的"链接到前一节"按钮为选定状态，此时每个页面都会出现如图 3-29 所示的提示符，即当前节的页眉或页脚与上一节相同。若需要为不同的节设置不同的页眉页脚，则需单击"链接到前一节"按钮将其选定状态取消，从而断开前后节的关联，才能为各节设置不同的页眉页脚。

图 3-29　页眉与上一节相同

注意：页眉页脚不属于正文，因此在编辑正文的时候，页眉页脚以淡色显示，此时页眉页脚不能编辑。反之，当编辑页眉页脚时，正文不能编辑。

3. 插入页码

页码是一种放置于每页中标明次序，用以统计文档页数、便于读者检索的编码或其他数字。加入页码后，Word 可以自动而迅速地编排和更新页码。页码可以置于页眉、页脚、页边距或当前位置，通常显示文档的页眉或页脚处。插入页码的操作步骤如下：

（1）单击"插入"选项卡"页眉和页脚"组中的"页码"下拉按钮，展开如图 3-30 所示的下拉列表。

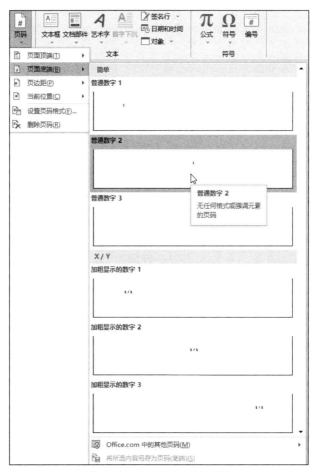

图 3-30　"页码"下拉列表

（2）在弹出的下拉列表中，可以在"页面顶端""页面底端""页边距""当前位置"命令的级联菜单中选择页码放置的位置和样式。例如，当选择"页面底端"→"普通数字 2"命令后，将自动在页脚处中间位置显示阿拉伯数字样式的页码。

（3）在页眉页脚编辑状态下，可以对插入的页码格式进行修改。在"页眉和页脚工具/页眉和页脚"上下文选项卡中，单击"页眉和页脚"组中的"页码"下拉按钮，在弹出的下拉列表中选择"设置页码格式"命令，如图 3-31 所示，打开如图 3-32 所示的"页码格式"对话框。

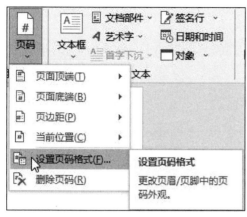

图 3-31　"页码"下拉列表　　　　　　图 3-32　"页码格式"对话框

（4）在该对话框中的"编号格式"下拉列表中，可为页码设置多种编号格式，同时，在"页码编号"区域中还可以重新设置页码编号的起始位置。单击"确定"按钮完成页码的格式设置。

（5）单击"关闭页眉和页脚"按钮，退出页眉页脚编辑状态。

注意：用户还可以通过双击页眉或页脚区进入页眉和页脚编辑状态。删除页码的方法是：在"页眉和页脚工具/页眉和页脚"上下文选项卡中，单击"页眉和页脚"组中的"页码"下拉按钮，在弹出的下拉列表中选择"删除页码"命令。当文档的首页页码不同，或者奇偶页页眉页脚不同时，则需要分别在首页、奇数页或偶数页中删除。

3.4　创建目录与索引

目录是文档中指导阅读、检索内容的工具。目录通常是长篇幅文档不可缺少的内容，它列出了文档中的各级标题及其所在的页码，便于用户快速查找到所需内容。

3.4.1　创建目录

要在较长的 Word 文档中成功添加目录，应事先正确设置标题样式，例如"标题 1"～"标题 9"样式。尽管还有其他的方法可以添加目录，但采用带级别的标题样式是最方便的一种。

插入目录

1．创建标题目录

（1）使用"目录库"创建目录。Word 提供了一个内置的"目录库"，其中有多种目录样式供选择，从而使插入目录的操作变得非常简单。插入目录的操作步骤如下：

1）打开已设置标题样式的文档，将光标定位在需要建立目录的位置（一般在文档的开头处），在"引用"选项卡中单击"目录"按钮，打开如图 3-33 所示的下拉列表。

2）在下拉列表中选择一种满意的目录样式，则 Word 将自动在指定位置创建目录，如图 3-34 所示。

目录生成后，只需在按住 Ctrl 键的同时单击目录中的某个标题行，即可跳转到该标题对应的页面。

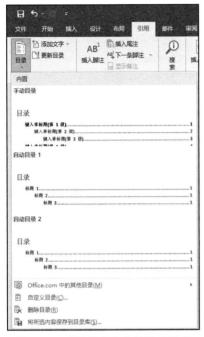

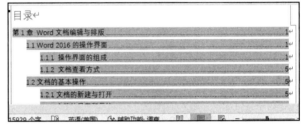

图 3-33   "目录库"中的目录样式   图 3-34   插入的目录

（2）使用自定义样式创建目录。如果应用的标题样式是自定义的样式，则可以按照如下操作步骤来创建目录：

1）将光标定位在目录插入点。

2）单击"引用"选项卡"目录"组中的"目录"按钮，在弹出的下拉列表中选择"自定义目录"命令，打开如图 3-35 所示的"目录"对话框。

3）在该对话框的"目录"选项卡中，单击"选项"按钮，打开"目录选项"对话框，如图 3-36 所示。

图 3-35   "目录"对话框   图 3-36   "目录选项"对话框

4）在"有效样式"区域中查找应用于文档中的标题的样式，在样式名称右侧的"目录级别"文本框中输入相应样式的目录级别（可以输入 1～9），以指定希望标题样式代表的级别。如果仅使用自定义样式，则可删除内置样式的目录级别数字。

5）单击"确定"按钮，返回"目录"对话框。

6）在"打印预览"和"Web 预览"区域中显示插入后的目录样式，如图 3-37 所示。如果用户对当前新设置样式不满意，则可以单击"目录"对话框中的"修改"按钮，在打开的"样式"对话框（图 3-38）中选择其他样式。

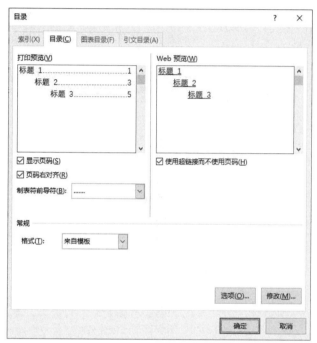

图 3-37　新建目录样式

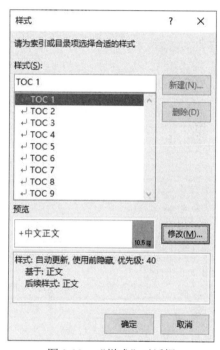

图 3-38　"样式"对话框

另外，如果打印文档，则在创建目录时应包括标题和标题所在页面的页码，即选中"显示页码"复选框。

7）单击"确定"按钮，即可完成所有设置。

（3）目录的更新与删除。在创建好目录后，如果进行了添加、删除、更改标题或其他目录项，目录并不会自动更新。更新文档目录的方法有以下几种：

1）单击目录区域任意位置，此时在目录区域左上角出现浮动按钮"更新目录"，单击该按钮打开"更新目录"对话框，选择"更新整个目录"，单击"确定"按钮完成目录更新。

2）选择目录区域，按 F9 功能键。

3）单击目录区域任意位置，在"引用"选项卡中，单击"目录"组中的"更新目录"按钮  。

若要删除创建的目录，则操作方法为：

单击"引用"选项卡"目录"组中的"目录"下拉按钮，选择下拉列表底部的"删除目录"命令。另外，也可以在选择整个目录后按 Delete 键进行删除。

2．创建图表目录

除上述标题目录外，图表目录也是一种常见的目录形式，图表目录是针对 Word 文档中的图、表、公式等对象编制的目录。创建图表目录的操作步骤如下：

（1）将光标定位到目录插入点。

（2）单击"引用"选项卡"题注"组中的"插入表目录"按钮 插入表目录，打开"图表目录"对话框，如图 3-39 所示。

（3）在"题注标签"下拉列表中选择不同的题注类型，例如选择"图"题注。在该对话框中还可以进行其他设置，设置方法与标题目录的设置类似。

（4）单击"确定"按钮完成图表目录的创建，效果如图 3-40 所示。其中，"图目录"字符为手动输入。

图 3-39　"图表目录"对话框

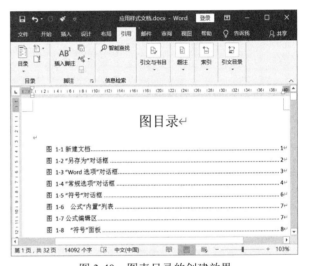

图 3-40　图表目录的创建效果

图表目录的操作还涉及图表目录的修改、更新及删除，其操作方法和标题目录的操作方法类似，在此不再赘述。

3.4.2　创建索引

与目录功能类似，索引能将文档中的字、词、短语等按一定的检索方法编排，以方便读者快速查阅。索引的操作主要包括标记索引项、编制索引目录、更新索引、删除索引等。

1．标记索引项

要创建索引，首先要在文档中标记索引项。索引项可以是来自文档中的文本，也可以是与文本有特定关系的短语。

例 3-6　将"应用样式文档.docx"文件中所有的"Word"字符添加索引，并将索引设置为加粗、Arial 字体，操作完成后以原文件名保存。

操作步骤如下：

（1）选择其中的一个主索引项文本，如选择"Word"文本。

（2）单击"引用"选项卡"索引"组中的"标记条目"按钮，打开"标记索引项"对话框，如图 3-41 所示。

（3）在该对话框的"主索引项"文本框中输入要作为索引标记的内容"Word"，在文本框中右击，在弹出的快捷菜单中选择"字体"命令，打开"字体"对话框。

（4）在"字体"对话框中，设置加粗、Arial 字体格式，单击"确定"按钮返回"标记索引项"对话框。

（5）在"选项"区域中选择"当前页"单选按钮。

（6）单击"标记"按钮，即在"Word"文本后出现"{XE ″Word″}"索引域；单击"标记全部"按钮，则为文档中所有主索引项"Word"文本都建立了索引标记。

（7）单击快速访问工具栏的"保存"按钮。

2．编制索引目录

编制索引目录与插入标题目录的方法类似，操作步骤如下：

（1）将光标定位在添加索引目录的位置，单击"引用"选项卡"索引"组中的"插入索引"按钮 插入索引，打开"索引"对话框，如图 3-42 所示。

图 3-41　"标记索引项"对话框　　　　图 3-42　"索引"对话框

（2）根据实际需要，可以设置类型、栏数、页码右对齐等选项。例如，选中"页码右对齐"复选框，设置栏数为"1"，单击"确定"按钮。

（3）在光标处会自动插入索引目录，如图 3-43 所示。

图 3-43　索引目录效果

注意： Word 以 "XE" 为域特征字符插入索引项，标记好索引项后，默认方式为显示索引标记。由于索引标记在文档中占用空间，可将其隐藏，方法为：单击 "开始" 选项卡 "段落" 组中的 "显示/隐藏编辑标记" 按钮，隐藏索引标记，再次单击则显示。

3. 更新索引

更改了索引项或索引项的页码发生改变后，应及时更新索引。其操作方法与标题目录的更新类似。选中索引，单击 "引用" 选项卡 "索引" 组中的 "更新索引" 按钮 更新索引，或者按 F9 功能键。另外，也可以右击索引，选择快捷菜单中的 "更新域" 命令实现索引更新。

3.5 应用案例——长文档编辑

在长文档的排版中，使用样式进行快速排版，使用分节自动插入正文的目录。

3.5.1 案例描述

打开给定的素材文档 "云计算架构图"，进行如下操作：

（1）新建样式并应用。新建样式名为 "文章标题"，黑体、三号、居中对齐并应用于文档的标题 "云计算架构图介绍"。对文章中的 "1 云计算概述" "2 云计算的架构" "3 云管理层" "4 架构示例" "5 云的 4 种模式" 应用样式 "标题 1"，对 "1.1 云计算的特点" "1.2 云计算的影响" "1.3 云计算的应用" "2.1……" "2.2……" …… "5.4 行业云" 应用样式 "标题 2"。

（2）插入脚注和尾注。将 "1 云计算概述" 后添加脚注，脚注内容为 "云计算是什么"；在标题后添加尾注，尾注的内容为 "本文来自于网络"。

（3）插入页眉。插入空白页眉，内容为 "云计算架构图"。

（4）插入页码。在页面底端插入页码 "普通数字 2"，编号格式为 "Ⅰ,Ⅱ,Ⅲ,…"，并将起始页码设置为 "Ⅲ"。

（5）插入分节符。在文章最前面插入一个 "分节符" → "下一页" 分节符。

（6）创建标题目录。在第一节插入目录，目录包含两级标题 "标题 1" 和 "标题 2"。

3.5.2 案例操作步骤

1. 新建样式并应用

（1）将光标置于标题段，单击 "开始" 选项卡 "样式" 组右下角的 "对话框启动器" 按钮，打开如图 3-44 所示的 "样式" 任务窗格。

（2）单击 "样表" 任务窗格左下角的 "新建样式" 按钮，打开 "根据格式化设置创建新样式" 对话框，如图 3-45 所示。

（3）在 "名称" 文本框中键入新建样式的名称 "文章标题"，在 "样式类型" 下拉列表中选择 "段落"，在 "样式基准" 下拉列表中选择 "标题 1"，在 "格式" 中设置黑体、三号、居中，如图 3-46 所示。

（4）设置完成后，单击 "确定" 按钮。"文章标题" 样式将出现在 "样式" 任务窗格中，在 "开始" 选项卡的 "样式" 组中也将出现 "文章标题" 样式名称。

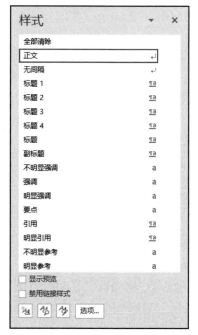

图 3-44　"样式"任务窗格

图 3-45　"根据格式化创建新样式"对话框

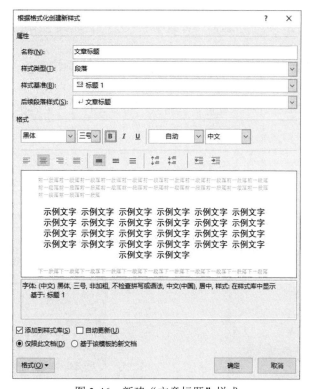

图 3-46　新建"文章标题"样式

（5）将光标置于"1 云计算概述"处，单击"开始"选项卡"样式"组的"标题 1"。同样方法把"2 云计算的架构""3 云管理层""4 架构示例""5 云的 4 种模式"应用样式"标题 1"，把"1.1 云计算的特点""1.2 云计算的影响""1.3 云计算的应用""2.1……""2.2……"……"5.4 行业云"应用样式"标题 2"。

2．插入脚注和尾注

（1）将光标移到"1 云计算概述"后，单击"引用"选项卡"脚注"组中的"插入脚注"按钮，此时在"述"字右上角出现脚注引用标记，同时在当前页面左下角出现横线和闪烁的光标。

（2）在光标处输入注释内容"云计算是什么"，即完成脚注的插入。

（3）将光标移到文章标题后，单击"引用"选项卡"脚注"组中的"插入尾注"按钮，此时在"绍"字右上角出现尾注引用标记，同时在文章最后出现横线和闪烁的光标。

（4）在光标处输入内容"本文来自于网络"，即完成尾注的插入。

3．插入页眉

（1）将光标定位到文档中的任意位置，单击"插入"选项卡。

（2）在"页眉和页脚"组中，单击"页眉"下拉按钮。

（3）在弹出的下拉列表中选择需要的内置样式选项"空白"，则当前文档的所有页面都添加了同一样式页眉。

（4）在页眉处输入"云计算架构图"，此时为每个页面添加了相同页眉。

4．插入页码

（1）单击"插入"选项卡"页眉和页脚"组中的"页码"下拉按钮。

（2）在弹出的下拉列表中，选择"页面底端"→"普通数字 2"命令后将自动在页脚处中间位置显示页码。

（3）在页眉页脚编辑状态下，可以对插入的页码格式进行修改。在"页眉和页脚工具/页眉和页脚"上下文选项卡中，单击"页眉和页脚"组中的"页码"下拉按钮，在弹出的"页码"下拉列表（图 3-47）中选择"设置页码格式"命令，打开"页码格式"对话框，如图 3-48 所示。

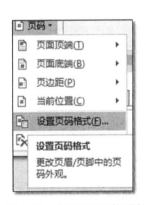

图 3-47　"页码"下拉列表

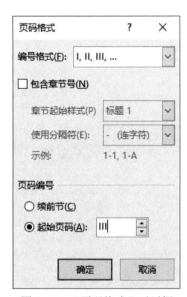

图 3-48　"页码格式"对话框

（4）在该对话框中的"编号格式"下拉列表中，可为页码设置编号格式为"Ⅰ,Ⅱ,Ⅲ,…"，同时，在"页码编号"区域中重新设置页码编号的起始页码为"Ⅲ"，如图 3-48 所示。单击"确定"按钮完成页码的格式设置。

（5）单击"关闭页眉和页脚"按钮退出页眉页脚编辑状态。

5．插入分节符

（1）将光标定位在文章最前面。

（2）单击"布局"选项卡"页面设置"组中"分隔符"按钮，在弹出的下拉选项中选择"分节符"区域的"下一页"选项，则在插入点位置插入一个分节符，同时插入点从下一页开始。

6．创建标题目录

（1）将光标定位在目录插入点。

（2）单击"引用"选项卡"目录"组中的"目录"下拉按钮，在弹出的下拉列表中选择"自定义目录"命令，打开如图 3-49 所示的"目录"对话框。

（3）在该对话框的"目录"选项卡中，单击"选项"按钮打开"目录选项"对话框，如图 3-50 所示。

图 3-49　"目录"对话框

图 3-50　"目录选项"对话框

（4）在"有效样式"区域中查找应用于文档中标题的样式，在样式名称右侧的"目录级别"文本框中删除内置样式的目录级别数字，在"标题 1"后输入"1"，在"标题 2"后输入"2"。

（5）单击"确定"按钮，返回"目录"对话框。

（6）单击"确定"按钮完成所有设置。插入的目录如图 3-51 所示。

图 3-51   插入后的目录

习题 3

一、思考题

1. 在 Word 中要显示页眉和页脚，必须使用哪种视图显示方式？
2. 某 Word 文档基本页面是纵向排版的，如果其中某一页需要横向排版，如何编辑？
3. Word 中，如需将注释插入到文档页面底端，应该插入哪种注释？
4. 能成功插入自动生成的目录的前提条件是什么？
5. 如何新建样式并修改已有样式？
6. 域代码的主要组成部分有哪些？

二、操作题

1. 2017 级企业管理专业的林楚楠同学选修了"供应链管理"课程，并撰写了题目为"供应链中的库存管理研究"的课程论文。论文的排版和参考文献还需要进一步修改，根据以下要求，帮助林楚楠对论文进行完善。

（1）在"习题 1"文件夹下，将文档"Word 素材.docx"另存为"Word.docx"（".docx"为扩展名），此后所有操作均基于该文档。

（2）为论文创建封面，将论文题目、作者姓名和作者专业放置在文本框中，并居中对齐；文本框的环绕方式为四周型，在页面中的对齐方式为左右居中。在页面的下侧插入图片"图片 1.jpg"，环绕方式为四周型，并应用一种映像效果。整体效果可参考示例文件"封面效果.docx"。

（3）对文档内容进行分节，使得"封面""目录""图表目录""摘要""1.引言""2.库存管理的原理和方法""3.传统库存管理存在的问题""4.供应链管理环境下的常用库存管理方法""5.结论""参考书目"和"专业词汇索引"各部分的内容都位于独立的节中,且每节都从新的一页开始。

（4）修改文档中样式为"正文文字"的文本,使其首行缩进 2 字符,段前和段后的间距为 0.5 行;修改"标题 1"样式,将其自动编号的样式修改为"第 1 章,第 2 章,第 3 章……";修改标题 2.1.2 下方的编号列表,使用自动编号,样式为"1）、2）、3）……";复制试题文件夹下"项目符号列表.docx"文档中的"项目符号列表"样式到论文中,并应用于标题 2.2.1 下方的项目符号列表。

（5）将文档中的所有脚注转换为尾注,并使其位于每节的末尾;在"目录"节中插入"流行"格式的目录,替换"请在此插入目录!"文字;目录中需包含各级标题和"摘要""参考书目""专业词汇索引",其中"摘要""参考书目"和"专业词汇索引"在目录中需要和标题 1 同级别。

（6）使用题注功能,修改图片下方的标题编号,以便其编号可以自动排序和更新,在"图表目录"节中插入格式为"正式"的图表目录;使用交叉引用功能,修改图表上方正文中对于图表标题编号的引用（已经用黄色底纹标记）,以便这些引用能够在图表标题的编号发生变化时可以自动更新。

（7）将文档中所有的文本"ABC 分类法"都标记为索引项;删除文档中文本"供应链"的索引项标记;更新索引。

（8）在文档的页脚正中插入页码,要求封面页无页码,目录和图表目录部分使用"I、II、III……"格式,正文以及参考书目和专业词汇索引部分使用"1、2、3……"格式。

（9）删除文档中的所有空行。

2．为了更好地介绍公司的服务与市场战略,市场部助理小王需要协助制作完成公司战略规划文档,并调整文档的外观与格式。

现在,请按照如下需求在 Word.docx 文档中完成制作工作。

（1）调整文档纸张大小为 A4 幅面,纸张方向为纵向;并调整上、下页边距为 2.5 厘米,左、右页边距为 3.2 厘米。

（2）打开习题 2 文件夹下的"Word_样式标准.docx"文件,将其文档样式库中的"标题 1,标题样式一"和"标题 2,标题样式二"复制到 Word.docx 文档样式库中。

（3）将 Word.docx 文档中的所有红颜色文字段落应用为"标题 1,标题样式一"段落样式。

（4）将 Word.docx 文档中的所有绿颜色文字段落应用为"标题 2,标题样式二"段落样式。

（5）将文档中出现的全部"软回车"符号（手动换行符）更改为"硬回车"符号（段落标记）。

（6）修改文档样式库中的"正文"样式,使得文档中所有正文段落首行缩进 2 字符。

（7）为文档添加页眉,并将当前页中样式为"标题 1,标题样式一"的文字自动显示在页眉区域中。

（8）在文档的第 4 个段落后（标题为"目标"的段落之前）插入一个空段落,并按照下面的数据方式在此空段落中插入一个折线图图表,将图表的标题命名为"公司业务指标"。

年份	销售额	成本	利润
2017 年	4.3	2.4	1.9
2018 年	6.3	5.1	1.2
2019 年	5.9	3.6	2.3
2020 年	7.8	3.2	4.6

3. 某单位财务处请小赵设计"经费联审结算单"模板，以提高日常报账和结算单审核效率。请根据"习题3"文件夹下"Word 素材 1.docx"文件完成制作任务，具体要求如下：

（1）将素材文件"Word 素材 1.docx"另存为"结算单模板.docx"，保存于"习题3"文件夹下，后续操作均基于此文件。

（2）将页面设置为 A4 幅面、横向，页边距均为 1 厘米。设置页面为两栏，栏间距为 2 字符，其中左栏内容为"经费联审结算单"表格，右栏内容为"××研究所科研经费报账须知"文字，要求左右两栏内容不跨栏、不跨页。

（3）设置"经费联审结算单"表格整体居中，所有单元格内容垂直居中对齐。参考"习题3"文件夹下的"结算单样例.jpg"，适当调整表格的行高和列宽，其中两个"意见"的行高不低于 2.5 厘米，其余各行行高不低于 0.9 厘米。设置单元格的边框，细线宽度为 0.5 磅，粗线宽度为 2.25 磅。

（4）设置"经费联审结算单"标题（即表格的第一行）水平居中，字体为小二、华文中宋，其他单元格已有文字字体均为小四、仿宋、加粗；除"单位："为左对齐外，其余含有文字的单元格均为居中对齐。表格第二行的最后一个空白单元格将填写填报日期，格式设置为四号、楷体、右对齐；其他空白单元格格式均为四号、楷体、左对齐。

（5）"××研究所科研经费报账须知"以文本框形式实现，其文字的显示方向与"经费联审结算单"相比，逆时针旋转 90 度。

（6）设置"××研究所科研经费报账须知"的第一行格式为小三、黑体、加粗、居中；第二行格式为小四、黑体、居中；其余内容为小四、仿宋、两端对齐、首行缩进 2 字符。

（7）将"科研经费报账基本流程"中的四个步骤改用"垂直流程"SmartArt 图形显示，颜色为"强调文字颜色 1"，样式为"简单填充"。

第4章 文档审阅与邮件合并

在与他人一同处理文档的过程中，审阅、跟踪文档的修订状况是最重要的环节之一，以便用户及时了解其他用户更改了文档的哪些内容，以及为何要进行这些更改。

在编辑文档时，通常会遇到这样一种情况，文档的主体内容相同，只是一些具体的细节文本稍有变化，如邀请函、准考证、成绩报告单、录取通知书等。在制作大量格式相同，只需修改少量文字，而其他文本内容不变的文档时，Word 提供了强大的邮件合并功能。利用邮件合并功能可以快速、准确地完成这些重复性的工作。

本章知识要点包括文档审阅和修订方法；文档的加密方法；构建文档部件的方法；邮件合并的概念与基本步骤；利用邮件合并功能批量制作和处理文档的方法。

4.1 批注与修订

批注是文档的审阅者为文档附加的注释、说明、建议、意见等信息，并不对文档本身的内容进行修改。

修订用来标记对文档所做的操作。启用修订功能，审阅者的每一次编辑操作都会被标记出来，用户可根据需要接受或拒绝每处的修订。只有接受修订，对文档的编辑修改才会生效，否则文档内容保持不变。

1. 批注与修订的设置

用户在对文档内容进行相关批注与修订操作之前，可以根据实际需要事先设置批注与修订的用户名、位置、外观等内容。

（1）用户名设置。在文档中添加批注或进行修订后，用户可以查看到批注者或修订者的姓名。系统默认姓名为安装 Office 软件时注册的用户名，但可以根据以下方法对用户名进行修改。

单击"审阅"选项卡"修订"组右下角的"对话框启动器"按钮，在如图 4-1 所示的"修订选项"对话框中单击"更改用户名"按钮，打开"Word 选项"窗口，在"常规"选项卡的"用户名"文本框中输入新用户名，在"缩写"文本框中修改用户名的缩写，然后单击"确定"按钮。

（2）位置设置。在默认情况下，添加的批注位于文档右侧，修订则直接在文档修订的位置。批注及修订还能以"垂直审阅窗格"或"水平审阅窗格"形式显示，设置方法如下：

单击"审阅"选项卡"修订"组中的"显示标记"下拉按钮，可从下拉列表中选择"批注框"的显示位置。同样，单击"修订"组中的"审阅窗格"下拉按钮，可从下拉列表中选择显示修订信息的位置。

（3）外观设置。外观设置主要是对批注和修订标记的颜色、边框、大小的设置。单击"审阅"选项卡"修订"组右下角的"对话框启动器"按钮，在如图 4-1 所示的"修订选项"对话框中单击"高级选项"按钮，打开如图 4-2 所示的"高级修订选项"对话框。根据用户的实际需要，可以对相应选项进行设置。

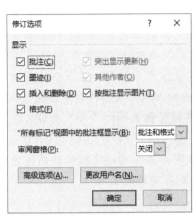

图 4-1　"修订选项"对话框

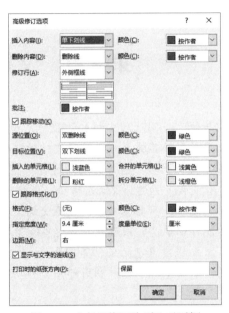

图 4-2　"高级修订选项"对话框

2. 批注与修订的操作

（1）添加批注。添加批注的操作步骤如下：

1）在文档中选择要添加批注的文本，单击"审阅"选项卡"批注"组中的"新建批注"按钮。

2）选中的文本背景将被填充颜色，旁边为"查看批注"按钮 ⬚ 和批注框，直接在批注框中输入批注内容，再单击批注框外的任意区域，即可完成添加批注操作，如图 4-3 所示。

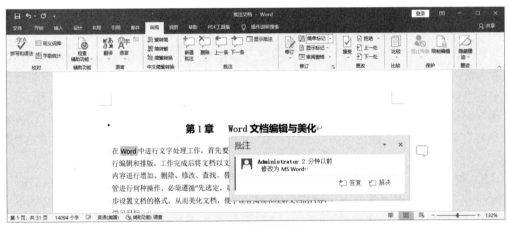

图 4-3　添加批注

（2）查看批注。添加批注后，单击"查看批注"按钮，将出现显示有批注者姓名、批注日期和内容的浮动"批注"窗口。

单击"审阅"选项卡"批注"组中的"上一条"或"下一条"按钮，可使光标在批注之间移动，以查看文档中的所有批注。

（3）编辑批注。如果对批注的内容不满意可以进行编辑和修改。其操作方法为：单击要修改的"查看批注"按钮，光标停留在批注框内，直接进行修改，单击批注框外的任意区域完成修改。

（4）删除批注。可以选择性地进行单个或多个批注的删除，也可以一次性删除所有批注，根据删掉的对象不同，方法也有所不同。其操作方法如下：

1）将光标置于批注框内或批注文本的括号范围内。

2）单击"审阅"选项卡"批注"组中的"删除"下拉按钮，在下拉列表中选择"删除"命令，则删除当前的批注。

若选择"删除文档中的所有批注"命令则删除所有批注。若要删除特定审阅者的批注，则在"修订"组中单击"显示标记"右侧的下拉按钮，在弹出的下拉列表中选择"特定人员"，在其子菜单中取消选中"所有审阅者"复选框，在某"审阅者"前单击，此时只显示该审阅者的批注。将光标定位到任意一处批注，单击"批注"组中的"删除"下拉按钮，在弹出的下拉列表中选择"删除所有显示的批注"，则可删除指定审阅者的批注。

（5）修订文档。当用户在修订状态下修改文档时，Word 应用程序将跟踪文档中所有内容的变化状况，把用户在当前文档中修改、删除、插入的每一项内容都标记下来。修订文档的方法如下：

打开要修订的文档，单击"审阅"选项卡"修订"组中的"修订"按钮，即可开启文档的修订状态，如图 4-4 所示。

图 4-4　开启文档修订状态

用户在修订状态下直接插入的文档内容会通过颜色和下划线标记出来，删除的内容会通过颜色和删除线标记出来，格式的修改情况在右侧的页边空白处显示，如图 4-5 所示。

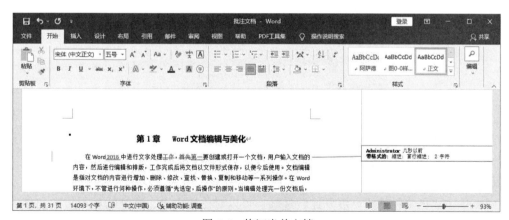

图 4-5　修订当前文档

3. 审阅修订和批注

文档修订完成后，用户还需要对文档的修订和批注状况进行最终审阅，根据需要对修订内容进行接受或拒绝处理。如果接受修订，则单击"审阅"选项卡"更改"组中的"接受"按钮，从弹出的下拉列表中选择相应的命令，如图4-6所示。如果拒绝修订，则单击该组中的"拒绝"按钮，再从下拉列表中选择相应的命令，如图4-7所示。

图 4-6　接受修订的方式　　　　　　　　　图 4-7　拒绝修订的方式

选择不同的命令则产生不同的编辑效果：

（1）"接受并移到下一条"命令表示接受当前这条修订操作并自动移到下一条修订上。

（2）"接受此修订"命令表示接受当前这条修订操作。

（3）"接受所有显示的修订"命令表示接受指定审阅者所做的修订操作。

（4）"接受所有修订"命令表示接受文档中所有的修订操作。

（5）"接受所有更改并停止修订"命令表示接受文档中所有修订的操作，并停止修订操作。

对应的拒绝修订命令与接受修订命令作用相反。

4.2　比较文档

文档经过最终审阅后，用户可以通过对比的方式查看修订前后两个文档版本的变化情况。进行比较的具体操作步骤如下：

（1）单击"审阅"选项卡"比较"组中的"比较"下拉按钮，在弹出的下拉列表中选择"比较"命令，打开"比较文档"对话框，如图4-8所示。

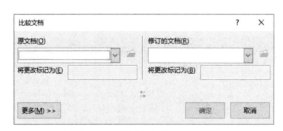

图 4-8　"比较文档"对话框

（2）在"比较文档"对话框中，在"原文档"下拉列表中选择修订前的文件，在"修订的文档"下拉列表中选择修订后的文件。还可以通过单击其右侧的"打开"按钮，在"打开"对话框中分别选择修订前和修订后的文件。

（3）单击"更多"按钮，展开比较选项，可以对比较内容、修订的显示级别和显示位置进行设置。

（4）单击"确定"按钮，Word将自动对原文档和修订后的文档进行精确比较，并以修订方式显示两个文档的不同之处。默认情况下，比较结果显示在新建的文档中，被比较的两个文档内容不变，如图4-9所示。

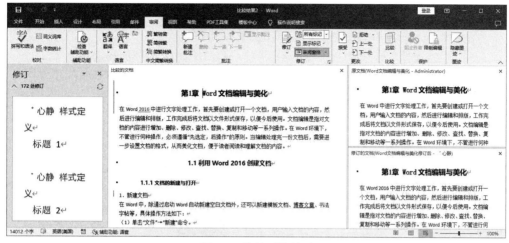

图 4-9　比较后的结果

（5）比较文档窗口分 4 个区域，分别显示两个文档的内容、比较的结果及修订摘要。此时可以对比较生成的文档进行审阅操作，单击"保存"按钮可以保存审阅后的文档。

4.3　删除个人信息

在文档的最终版本确定之后，将文档共享给其他用户之前，可以通过 Office 2016 提供的"文档检查器"工具帮助查找并删除在 Office 文档中隐藏的数据和个人信息。

具体操作步骤如下：

（1）打开将分享的 Office 文档。

（2）选择"文件"选项卡，打开 Office 后台管理界面。选择"信息"→"检查问题"→"检查文档"命令，打开"文档检查器"对话框，如图 4-10 所示。

（3）选择要检查隐藏内容的类型，单击"检查"按钮。

（4）检查完成后，在"文档检查器"对话框中审阅检查结果，如图 4-11 所示，然后在所要删除的内容类型右侧单击"全部删除"按钮。

图 4-10　"文档检查器"对话框

图 4-11　审阅检查结果

4.4 标记最终状态

如果文档已经确定修改完成，用户可以为文档标记最终状态来标记文档的最终版本，此操作可以将文档设置为只读，并禁用相关的编辑命令。设置过程如下：

选择"文件"选项卡，打开 Office 后台管理界面，选择"信息"→"保护文档"→"标记为最终状态"命令，如图 4-12 所示。完成设置后的文档属性变为"只读"，如图4-13所示。

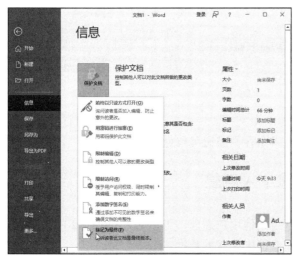

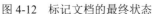

图 4-12 标记文档的最终状态

图 4-13 文档编辑受限

4.5 构建并使用文档部件

文档部件是对指定文档内容（文本、图片、表格、段落等文档对象）进行封装的一个整体部分，能对其进行保存和重复使用。

例 4-1 "样式文档.docx"文件中的"表 1-1 选定文本的操作方法"表格很有可能在撰写其他同类文档时再次被使用，将其保存为文档部件并命名为"选定文本"。

操作方法如下：

（1）选择"表 1-1 选定文本的操作方法"表格，单击"插入"选项卡"文本"组中的"文档部件"按钮，如图 4-14 所示，从下拉列表中选择"将所选内容保存到文档部件库"命令。

（2）打开如图 4-15 所示的"新建构建基块"对话框，为新建的文档部件修改名称为"选定文本"，并在"库"下拉列表中选择"表格"选项。

（3）单击"确定"按钮，完成文档部件的创建工作。

使用文档部件的操作过程为：在当前文档或打开的其他文档中，将光标定位在要插入文档部件的位置，单击"插入"选项卡"表格"组中的"表格"按钮，从其下拉列表中选择"快速表格"命令，新建的"选定文本"文档部件就显示在下拉列表中，如图 4-16 所示。单击该文档部件，即在当前文档中插入一个与"选定文本"表格完全相同的表格，根据实际需要修改表格内容即可。

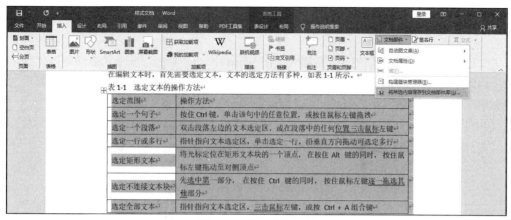

图 4-14 构建文档部件

图 4-15 "新建构建基块"对话框

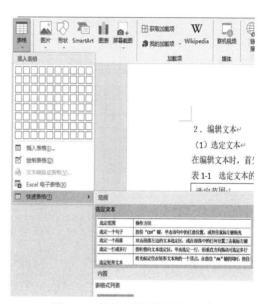

图 4-16 使用已创建的文档部件

4.6 邮件合并

邮件合并

4.6.1 邮件合并的关键步骤

要实现邮件合并功能,通常需要以下 3 个关键步骤:

(1)创建主文档:主文档是一个 Word 文档,包含了文档所需的基本内容,并设置了符合要求的文档格式。主文档中的文本和图形格式在合并后都固定不变。

(2)创建数据源:数据源可以是用 Excel、Word、Access 等软件创建的多种类型的文件。

(3)关联主文档和数据源:利用 Word 提供的邮件合并功能将数据源关联到主文档中,得到最终的合并文档。

下面以"计算机考试成绩通知单"为例介绍邮件合并操作。

4.6.2 创建主文档

主文档是用来保存文档中的重复部分。在 Word 中，任何一个普通文档都可以作为主文档使用，因此建立主文档的方法与建立普通文档的方法基本相同。图 4-17 即为"计算机考试成绩通知单"的主文档，其主要制作过程如下：

（1）启动 Word，设计通知单的内容及版面格式，并预留文档中相关信息的占位符。

（2）设置文本的字体、大小，段落的对齐方式等。

（3）设置双线型页面边框。

（4）预留一行显示提示语，提示语的具体内容根据分数来确定：成绩超过 60 分则提示"很高兴通知您已通过考试！"反之则提示"很遗憾您未能通过考试！做好补考准备。"

（5）设置完成后，以"计算机考试成绩通知单.docx"为文件名进行保存。

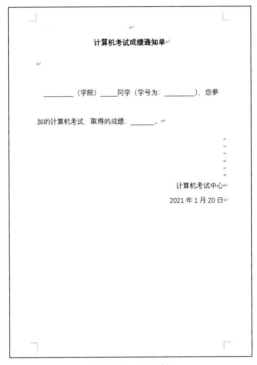

图 4-17　主文档

4.6.3 创建数据源

邮件合并处理后产生的批量文档中，相同内容之外的其他内容由数据源提供。可以采用多种格式的文件作为数据源。除 Excel 文件外，常见的还有 Word 文件、网页表格文件和数据库文件等。不管何种形式的数据源，邮件合并操作都相似。需要注意的是，数据源文件中的第一行必须是标题行。

本例采用 Excel 文件格式作为数据源。先打开 Excel 软件，在"学生信息"工作表中输入数据源文件内容。其中，第一行为标题行，其他行为记录行，如图 4-18 所示，录入完成后以"计算机考试成绩.xlsx"为文件名进行保存。

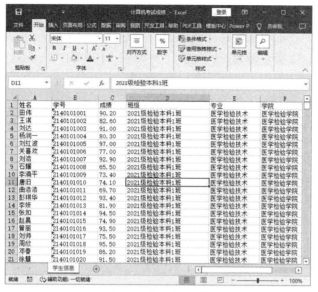

图 4-18　Excel 数据源

4.6.4　关联主文档和数据源

在主文档和数据源准备好之后，就可以利用邮件合并功能实现主文档与数据源的关联，从而完成邮件合并操作。其操作步骤如下：

（1）打开已创建的主文档"计算机考试成绩通知单.docx"，单击"邮件"选项卡"开始邮件合并"组中的"选择收件人"按钮，在下拉列表中选择"使用现有列表"命令，如 4-19 所示，打开"选取数据源"对话框。

（2）在该对话框中，选择已创建好的数据源文件"计算机考试成绩.xlsx"，单击"打开"按钮，打开如图 4-20 所示的"选择表格"对话框。

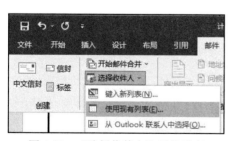

图 4-19　"选择收件人"下拉列表

图 4-20　"选择表格"对话框

（3）选择数据所在的工作表"学生信息"，单击"确定"按钮，此时数据源已经关联到主文档中，"邮件"选项卡中的大部分按钮也因此处于可用状态。

（4）在主文档中将光标定位到"学院"下划线处，单击"邮件"选项卡"编写和插入域"组中的"插入合并域"下拉按钮，在弹出的下拉列表中选择要插入的域"学院"，如图 4-21 所示；按同样的方法，分别在相应位置插入"姓名"域、"学号"域和"成绩"域。

（5）将光标定位到成绩行的下一段，单击"邮件"选项卡"编写和插入域"组中的"规则"下拉按钮，在弹出的下拉列表中选择"如果…那么…否则…"命令，打开"插入 Word 域：如果"对话框，在该对话框中依次选择域名为"成绩"，比较条件为"大于等于"，输入比较对象"60"，其他按图 4-22 所示设置。

图 4-21　插入域

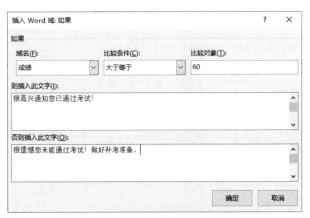

图 4-22　插入 IF 域对话框

（6）单击"确定"按钮完成所有域的插入。为了使文档排版更合理、美观，可对域的位置和字体进行适当编排，例如将提示语设置为红色、楷体，操作完成后效果如图 4-23 所示。

（7）单击"邮件"选项卡"预览结果"组中的"预览结果"按钮，将显示主文档和数据源关联后的第一条数据结果。单击查看记录按钮 |◄ ◄ 1 ► ►|，可逐条显示各条记录的数据。

（8）单击"完成"组中的"完成并合并"下拉按钮，在下拉列表中选择"编辑单个文档"命令，打开"合并到新文档"对话框，如图 4-24 所示。

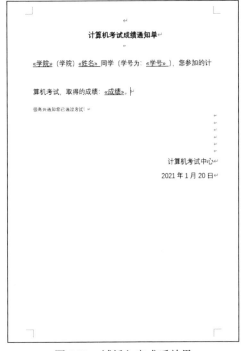

图 4-23　域插入完成后效果

图 4-24　"合并到新文档"对话框

（9）在该对话框中选择"全部"单选按钮，单击"确定"按钮，Word 将自动合并文档，并将合并的内容暂存在新建的"信函 1"文档中，"信函 1"文档总页数与记录数相同。

（10）单击快速访问工具栏中的"保存"按钮，对"信函 1"文档进行保存，在打开的"另存为"对话框中输入文件名，例如，以"计算机考试成绩通知信函.docx"为文件名进行保存。如图 4-25 所示。

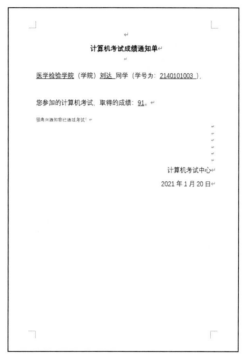

图 4-25　邮件合并生成的文档

4.7　应用案例——邀请函制作

利用通讯录制作邀请函时，需要使用邮件合并功能。

4.7.1　案例描述

公司今年将举办"创新产品展示说明会"，市场部助理小王需要将会议邀请函制作完成，并寄送给相关的客户。现在，请按照如下需求，在 Word.docx 文档中完成制作邀请函的工作。

（1）在"尊敬的"文字后面插入拟邀请的客户姓名和称谓。拟邀请的客户姓名在试题文件夹下的"通讯录.xlsx"文件中，客户称谓则根据客户性别自动显示为"先生"或"女士"，例如"范俊弟（先生）""黄雅玲（女士）"。

（2）每个客户的邀请函占一页内容，且每页邀请函中只能包含一位客户姓名，所有的邀请函页面另外保存在一个名为"Word-邀请函.docx"的文件中。如果需要，删除"Word-邀请函.docx"文件中的空白页面。

（3）关闭 Word 应用程序，并保存所提示的文件。

4.7.2 案例操作步骤

邮件合并操作过程如下：

（1）打开 Word.docx 文档。

（2）单击"邮件"选项卡"开始邮件合并"组中的"开始邮件合并"下拉按钮，如图 4-26 所示，在展开的下拉列表中选择"邮件合并分步向导"命令，启动"邮件合并"任务窗格，如图 4-27 所示。

图 4-26　"开始邮件合并"下拉列表

（3）邮件合并分步向导第 1 步。在"邮件合并"任务窗格"选择文档类型"中保持默认选择"信函"，单击"下一步：开始文档"超链接，进入第 2 步，如图 4-28 所示。

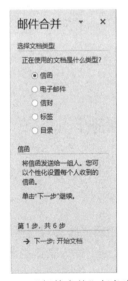

图 4-27　"邮件合并"任务窗格　　　　图 4-28　"邮件合并"第 2 步

（4）邮件合并分步向导第 2 步。在"邮件合并"任务窗格"选择开始文档"中保持默认选择"使用当前文档"，单击"下一步：选择收件人"超链接，进入第 3 步。

（5）邮件合并分步向导第 3 步。

1）在"邮件合并"任务窗格"选择收件人"中保持默认选择"使用现有列表"，单击"浏览"超链接。

2）启动"选取数据源"对话框，在素材中选择文档"通讯录.xlsx"，单击"打开"按钮，此时会弹出如图 4-29 所示的"选择表格"对话框，单击"确定"按钮。

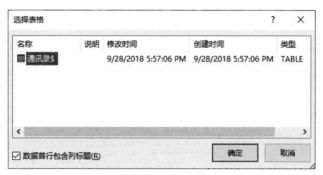

图 4-29   "选择表格"对话框

3）启动"邮件合并收件人"对话框，如图 4-30 所示，保持默认设置（勾选所有收件人），单击"确定"按钮。

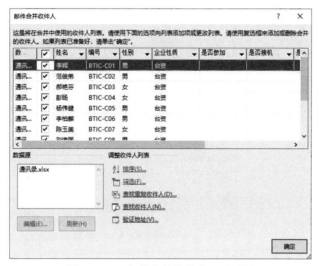

图 4-30   "邮件合并收件人"对话框

4）返回到 Word 文档后，单击"下一步：撰写信函"超链接，进入邮件合并第 4 步。

（6）邮件合并分步向导第 4 步。

1）将光标置于"尊敬的："文字之后，单击"邮件"选项卡"编写和插入域"组中的"插入合并域"下拉按钮，在如图 4-31 所示的下拉列表中按照题意选择"姓名"域。

2）文档中的相应位置就会出现已插入的域标记。

3）在"邮件"选项卡的"编写和插入域"组中，单击"规则"下拉列表中的"如果…那么…否则…"命令。在弹出的"插入 Word 域：如果"对话框中的"域名"下拉列表框中选择"性别"，在"比较条件"下拉列表框中选择"等于"，在"比较对象"文本框中输入"男"，在"则插入此文字"文本框中输入"（先生）"，在"否则插入此文字"文本框中输入"（女士）"，如图 4-32 所示，最后单击"确定"按钮，即可使被邀请人的称谓与性别建立关联。设置"（先生）"字体字号与同行一致。

图 4-31　"插入合并域"下拉列表　　　　图 4-32　"插入 Word 域：如果"对话框

（7）邮件合并分步向导第 5 步。

1）在"邮件合并"任务窗格中，单击"下一步：预览信函"超链接，进入第 5 步。

2）在"预览信函"选项区域中，通过单击"<<"或">>"按钮可查看具有不同信息的信函。单击"下一步：完成合并"超链接，进入第 6 步。

（8）邮件合并分步向导第 6 步。

1）完成邮件合并后，还可以对单个信函进行编辑和保存。在"邮件合并"任务窗格中单击"编辑单个信函"超链接，启动"合并到新文档"对话框，如图 4-33 所示。

图 4-33　"合并到新文档"对话框

2）在"合并到新文档"对话框中选择"全部"单选按钮，单击"确定"按钮。

3）设置完成后，单击"文件"→"另存为"命令，单击"浏览"按钮，并将其命名为"Word-邀请函"。如果需要，删除"Word-邀请函.docx"文件中的空白页面。

（9）单击 Word 应用程序右上角的"关闭"按钮，关闭 Word 应用程序，并保存所提示的文件。

习题 4

一、思考题

1．批注和修订分别有什么功能？

2．如何给 Word 文档加密？

3．Word 中，构建文档部件有什么作用？如何构建？

4．邮件合并的功能是什么？

5．简要描述邮件合并的关键步骤。

6．在邮件合并生成的文档中，没有变化的内容来自于主文档还是数据源文件？

二、操作题

1．打开"习题 2.docx"文件，设置文档加密，密码为"123456"。

2．打开"习题 3.docx"文件，查找并删除文档中隐藏的数据和个人信息。

3．北京明华中学学生发展中心的小刘老师负责向校本部及相关分校的学生家长传达有关学生儿童医保扣款方式更新的通知。该通知需要下发至每位学生，并请家长填写回执。参照"结果示例 1.jpg"～"结果示例 4.jpg"，按下列要求帮助小刘老师编排家长信及回执：

（1）在"习题 1"文件夹下，将"Word 素材.docx"文件另存为"Word.docx"（".docx"为扩展名），后续操作均基于此文件。

（2）进行页面设置：纸张方向为横向，纸张大小为 A3（宽 42 厘米，高 29.7 厘米），上、下页边距均为 2.5 厘米，左、右页边距均为 2.0 厘米，页眉、页脚分别距边界 1.2 厘米。要求每张 A3 纸上从左到右按顺序打印两页内容，左右两页均于页面底部中间位置显示格式为"-1-、-2-"类型的页码，页码自 1 开始。

（3）插入"空白（三栏）"型页眉，在左侧的内容控件中输入学校名称"北京明华中学"，删除中间的内容控件，在右侧插入"习题 3"文件夹下的图片"Logo.jpg"代替原来的内容控件，适当缩小图片，使其与学校名称高度匹配。将页眉下方的分隔线设为标准红色、2.25 磅、上宽下细的双线型。

（4）将文中所有的空白段落删除，然后按下面的要求为指定段落应用相应格式。

段落	样式或格式
文章标题"致学生儿童家长的一封信"	标题
"一、二、三、四、五、"所示标题段落	标题 1
"附件 1、附件 2、附件 3、附件 4"所示标题段落	标题 2
除上述标题行及蓝色的信件抬头段外，其他正文格式仿宋、小四号，首行缩进 2 字符，段前间距 0.5 行，行间距 1.25 倍	
信件的落款（三行）	居右显示

（5）利用"附件 1：学校、托幼机构'一小'缴费经办流程图"下面用灰色底纹标出的文字、参考样例图绘制相关的流程图。要求：除右侧的两个图形之外其他各个图形之间使用连接线，连接线将会随图形的移动而自动伸缩，中间的图形应沿垂直方向左右居中。

（6）将"附件 3：学生儿童'一小'银行缴费常见问题"下的绿色文本转换为表格，并参照素材中的样例图片进行版式设置，调整其字体、字号、颜色、对齐方式和缩进方式，使其有别于正文。合并表格同类项，套用一个合适的表格样式，然后将表格整体居中。

（7）令每个附件标题所在的段落前自动分页，调整流程图使其与附件 1 标题行合计占用一页。然后在信件正文之后（黄色底纹标示处）插入有关附件的目录，不显示页码，且目录内容能够随文章的变化而更新。最后删除素材中用于提示的多余文字。

（8）在信件抬头的"尊敬的"和"学生儿童家长"之间插入学生姓名；在"附件 4：关于办理学生医保缴费银行卡通知的回执"下方的"学校："""年级和班级："（显示为"初三一班"格式）"学号：""学生姓名："后分别插入相关信息，学校、年级、班级、学号、学生姓名等信息存放在"习题 3"文件夹下的 Excel 文档"学生档案.xlsx"中。在下方将制作好的回执复制一份，将其中的"（此联家长留存）"改为"（此联学校留存）"，在两份回执之间绘制一条剪裁线并保证两份回执在一页上。

（9）仅为其中所有学校初三年级的每位在校状态为"在读"的女生生成家长通知，通知包含家长信的主体、所有附件、回执。要求每封信中只能包含一位学生信息。将所有通知页面另外以文件名"正式通知.docx"保存在"试题"文件夹下（如果有必要，应删除文档中的空白页面）。

4．刘老师正准备制作家长会通知，根据"习题 2"文件夹下的相关资料及示例，按下列要求帮助刘老师完成编辑操作。

（1）将"习题 2"文件夹下的"Word 素材.docx"文件另存为"Word.docx"（".docx"为扩展名），除特殊指定外后续操作均基于此文件。

（2）将纸张大小设为 A4，上、左、右页边距均为 2.5 厘米、下页边距 2 厘米，页眉、页脚分别距边界 1 厘米。

（3）插入"空白（三栏）"型页眉，在左侧的内容控件中输入学校名称"北京市向阳路中学"，删除中间的内容控件，在右侧插入"习题 2"文件夹下的图片文件"Logo.gif"代替原来的内容控件，适当调整图片的长度，使其与学校名称共占用一行。将页眉下方的分隔线设为标准红色、2.25 磅、上宽下细的双线型。插入"瓷砖型"页脚，输入学校地址"北京市海淀区中关村北大街 55 号　邮编：100871"。

（4）对包含绿色文本的成绩报告单表格进行操作：根据窗口大小自动调整表格宽度，且令语文、数学、英语、物理、化学 5 科成绩所在的列等宽。

（5）将通知最后的蓝色文本转换为一个 6 行 6 列的表格，并参照"习题 2"文件夹下的文档"回执样例.png"进行版式设置。

（6）在"尊敬的"和"学生家长"之间插入学生姓名，在"期中考试成绩报告单"的相应单元格中分别插入学生姓名、学号、各科成绩、总分，以及各科的班级平均分，要求通知中所有成绩均保留两位小数。学生姓名、学号、成绩等信息存放在"习题 2"文件夹下的 Excel 文档"学生成绩表.xlsx"中（提示：班级各科平均分位于成绩表的最后一行）。

（7）按照中文的行文习惯，对家长会通知主文档"Word.docx"中的红色标题及黑色文本内容的字体、字号、颜色、段落间距、缩进、对齐方式等格式进行修改，使其看起来美观且易于阅读。要求整个通知只占用一页。

（8）仅为其中学号为 C121401～C121405、C121414～C121420、C121440～C121444 的 17 位同学成家长会通知，要求每位学生占一页内容。将所有通知页面另外保存在一个名为"正式家长会通知.docx"的文档中（如果有必要，应删除"正式家长会通知.docx"文档中的空白页面）。

（9）文档制作完成后，分别保存"Word.docx"和"正式家长会通知.docx"两个文档至"习题 2"文件夹下。

第 5 章　Excel 工作表制作与数据计算

Excel 电子表格软件拥有强大的数据处理和分析功能。工作表数据的输入与编辑是进行数据处理与分析的基础，了解 Excel 中多种数据格式的含义和特性，掌握高效的数据输入方法，可以事半功倍、准确地完成数据处理工作。对工作表进行适当的修饰，能使数据有更好的表现形式，增强表格的可读性。

在 Excel 工作表中输入数据后需要对这些数据进行组织、统计和分析，以便从中获取更加丰富的信息。为了实现这一目的，Excel 提供了丰富的数据计算功能，可以通过公式和函数方便地进行求和、求平均值、计数等计算，从而实现对大量原始数据的处理。通过公式和函数计算的结果不仅准确高效，而且在原始数据发生改变后，计算结果能自动更新，这就进一步提高了工作效率和效果。

本章知识要点包括工作表数据的输入和编辑方法；工作表中单元格格式设置的方法；工作表和工作簿的基本操作；公式和函数的概念及公式的使用方法；名称的定义与引用；常用 Excel 函数的使用方法。

5.1　Excel 操作界面

Excel 电子表格软件的基本功能就是制作表格并在表格中记录相关的数据及信息，以便日常生活和工作中进行信息的修改、查询与管理。

5.1.1　工作簿和工作表的概念

工作簿和工作表是 Excel 电子表格中两个最基本的概念。

1. 工作簿

工作簿是 Excel 中用来处理和存储数据的文件，一个扩展名为.xlsx 的 Excel 2016 电子表格文件就是一个工作簿。在一个工作簿中，可以包含若干工作表。在默认情况下，包含一个工作表 Sheet1。

2. 工作表

工作表是工作簿窗口中呈现出的由若干行和列构成的表格。Excel 中数据的输入、编辑等操作均在工作表中完成。工作表不能脱离工作簿独立存在，必须包含于某个工作簿中。默认工作表名称为 Sheet1、Sheet2、Sheet3、……，依次类推。

5.1.2　Excel 操作界面的组成

启动 Excel 电子表格软件，将默认创建一个 Excel 工作簿，即可进入 Excel 操作界面，如图 5-1 所示。

图 5-1　Excel 操作界面

Excel 操作界面由两个窗口构成：一个是 Excel 程序窗口，该窗口中主要提供了软件的各个功能选项卡；另一个是 Excel 工作簿窗口，这是数据输入与编辑的主要工作区。Excel 操作界面主要由行、列交叉形成的单元格构成，即工作表。

1. 行号

工作表中每一行最左侧的阿拉伯数字即为行号，表示该行的行数，对应称为第 1 行、第 2 行、第 3 行、……。

2. 列标

工作表中每一列上方的大写英文字母即为列标，表示该列的列名，对应称为 A 列、B 列、C 列、……。

3. 工作表标签

工作表标签一般位于工作表的左下角，用于显示工作表的名称。单击工作表名称，可以在不同的工作表之间进行切换。当前正在编辑的工作表称为活动工作表。

4. 单元格

工作表中行和列交叉所形成的长方形区域即单元格。单元格所在的行号和列标共同构成单元格地址，例如图 C7 单元格表示位于第 7 行 C 列的单元格。

5. 活动单元格

当前正在编辑的单元格称为活动单元格。可以通过单击选中活动单元格，被选中的单元格将被绿色框标出。

6. 名称框

名称框一般位于工作表的左上方，其中会显示活动单元格的名称或已定义的单元格区域的名称。

7. 编辑栏

编辑栏位于名称框的右侧，工作表的上方，用于显示、输入、编辑、修改活动单元格中的数据或公式。

8. 全选按钮

全选按钮位于工作表中行号和列标的交叉处，用于选中工作中的所有单元格。

9. 单元格区域

多个连续的单元格组成的区域。例如，单元格区域 F6:H16 表示由 F6 单元格开始到 H16 单元格结束的一块矩形区域。

5.2　工作表数据的输入和编辑

数据的输入和编辑是 Excel 中数据分析和处理的基础。Excel 中的数据类型有多种，工作表中可以输入文本、数值、日期等类型的数据。针对不同类型的数据，Excel 中提供了不同的输入数据的方法，帮助用户高效、正确地输入数据。

5.2.1　数据输入

在 Excel 中输入数据，首先需通过单击选定要输入数据的单元格使其成为活动单元格，再由键盘进行数据输入。以下类型的数据在输入时需要特别注意。

1．输入数字字符串

如果输入的数据是文本且全部由数字字符构成，如学号、身份证号等，则在输入数据前需先输入一个西文字符——单撇号"'"，表明输入的数据为文本，例如：'01012345678。数字字符串的第一个字符为"0"时，如果在输入数据前没有输入西文单撇号，输入的字符"0"不能正常显示。

2．输入分数

在 Excel 单元格中输入分数时，为了区别于文本和日期数据，在输入数据时首先需输入数字"0"，然后输入一个空格，再输入分数。例如，输入分数"3/5"，单元格里正确的输入内容为：0 3/5。

3．输入日期数据

在 Excel 单元格中输入日期时，年、月、日之间可以用西文符号"/"分隔，也可以用西文符号"-"分隔。例如，在单元格中输入日期"1999/10/01"或"1999-10-01"，输入完成后单元格中均默认显示日期"1999/10/1"。

5.2.2　自动填充数据

序列填充是 Excel 中最常用的快速输入技术之一。通过该技术，可以快速地向 Excel 单元格中自动填充数据，实现高效、准确的数据输入。

1．序列填充的基本方法

在 Excel 单元格中进行序列的自动填充，可以通过拖动填充柄实现，也可以使用"填充"命令。

填充柄是指活动单元格右下角的黑色小方块。首先在活动单元格中输入序列的第一个数据，然后沿着数据的填充方向拖动填充柄即可填充序列。松开鼠标后填充区域的右下角会显示"自动填充选项"。通过该选项，可更改选定区域的填充方式。

使用"填充"命令填充序列，首先输入序列的第一个数据，然后拖动选择要填入序列的单元格区域，单击"开始"选项卡"编辑"组中的"填充"按钮，如图 5-2 所示，在下拉列表中选择"序列"选项，在打开的"序列"对话框中根据需求进行设置，如图 5-3 所示，单击"确定"按钮即可完成序列的填充。

图 5-2　"编辑"组　　　　　　　　　图 5-3　"序列"对话框

2. 可填充的内置序列

在 Excel 中，以下几种序列用户不需要定义，可以通过填充柄或填充命令直接填充。

（1）数字序列，例如 1、2、3、……。

（2）日期序列，例如 2000 年、2001 年、2002 年、……，一月、二月、三月、……，1日、2 日、3 日、……。

（3）文本序列，例如一、二、三、……，001、002、003、……。

以上几种序列在填充时默认的步长值为 1，如需改变步长值，可在图 5-3 所示的"序列"对话框中设置，或输入序列前两个数据的值后再使用填充柄拖动填充。

（4）其他内置序列，例如 Sun、Mon、Tue、……，子、丑、寅、……，如图 5-4 所示。

图 5-4　其他内置序列

3. 自定义序列

自定义序列是 Excel 提供给用户定义个人经常需要使用而系统又没有内置的系列的方法。单击"文件"→"选项"命令，在"Excel 选项"对话框中单击"高级"选项，拖动滚动条到最低端，如图 5-5 所示，单击"编辑自定义列表"按钮，打开"自定义序列"对话框。在左边"自定义序列"列表框中，单击"新序列"选项，在右边输入框中输入新序列，如图 5-6 所示。新序列输入完成，单击"添加"按钮，左边的"自定义序列"列表框中将会添加新定义的序列，新序列的定义完成，使用方法和内置序列一致。

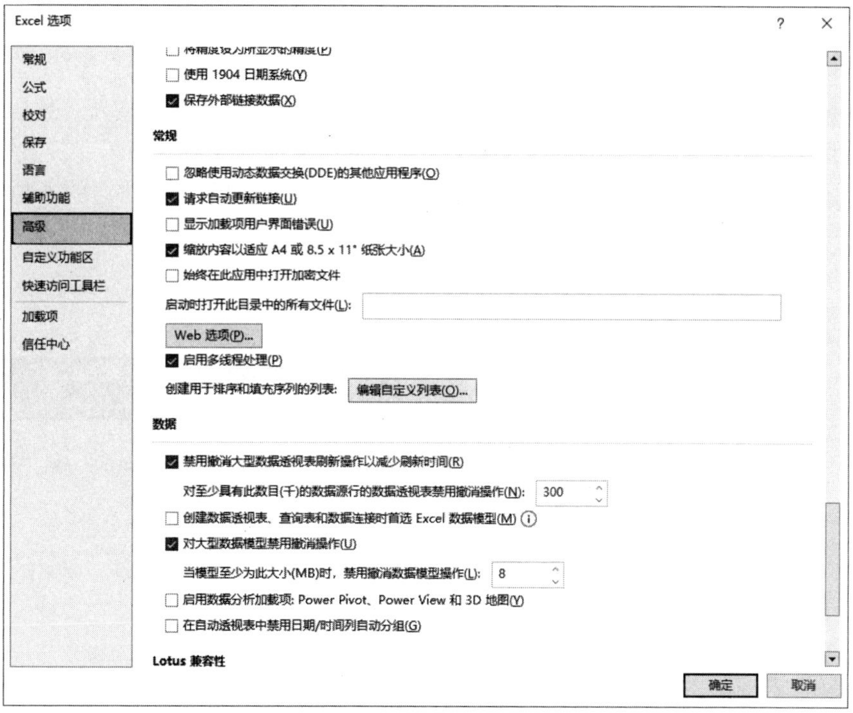

图 5-5 "Excel 选项"对话框

图 5-6 "自定义序列"对话框

注意：自定义序列的最大长度为 255 个字符，并且第一个字符不得以数字开头。

4. 填充公式

使用填充柄可填充公式到相邻的单元格中。首先在第一个单元格中输入公式，然后拖动该单元格的填充柄，即可填充公式。

5.2.3 数据验证

Excel 中，为了保证输入数据的准确性，可以对输入数据的类型、格式、值的范围等进行设置，称为数据验证设置。具体来说，数据验证设置可实现如下常用功能：

（1）限定输入数据为指定的序列，规范单元格输入文本的值。例如，要求工作表中 C 列的输入值仅能为"男"或"女"，则具体设置为：选中 C 列，单击"数据"选项卡"数据工具"组中的"数据验证"下拉按钮，选择下拉列表中的"数据验证"命令，打开"数据验证"对话框。进行如图 5-7 所示的设置，注意"来源"中的数据值应使用西文符号"，"分隔，也可用选择按钮 选择已有的序列作为来源。设置完成后，单击 C 列单元格右边的下拉按钮，可选择输入值，效果如图 5-8 所示。

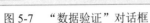
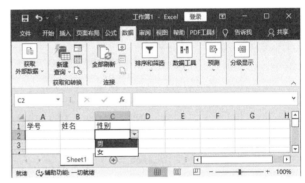

图 5-7　"数据验证"对话框　　　　　　　　图 5-8　设置效果

（2）限定输入数据为某一个范围内的数值。如指定最大值、最小值、整数、小数、日期范围等。

（3）限定输入文本的长度。如身份证号长度、地址的长度等。

（4）限制输入重复数据。如不能输入重复的学号。

（5）出错警告，当发生输入错误时弹出警告信息。

以上设置均可在"数据验证"对话框中完成。

5.2.4　数据编辑

在 Excel 中输入数据后，操作过程中经常需要修改或删除单元格中的数据。

当单元格中的数据需要修改时，可以双击单元格，再修改单元格内的数据信息；也可以单击单元格，然后在编辑栏中修改单元格中的数据信息。

当单元格中的数据需要删除时，选中需操作的单元格，按下 Delete 键删除；或单击"开始"选项卡"编辑"组中的"清除"按钮，在下拉列表中选择要清除的对象。

5.3　工作表修饰

工作表中的数据要清晰地呈现出来，需要较好的表现形式。对单元格及单元格中的数据进行格式化设置，能够使数据以日常生活中最常见或较美观的方式呈现出来，方便交流与沟通。

5.3.1　格式化工作表

格式化工作表，包括对表格的行、列、单元格及单元格中的数据进行格式化设置。

1．选择单元格

（1）选择单个单元格。单击鼠标左键选择单元格。

（2）选择多个连续的单元格。按下鼠标左键拖动选择；或先选择待选单元格区域的第一个单元格，再按住 Shift 键选择最后一个单元格。

（3）选择多个不连续的单元格。先选择第一个单元格，再按住 Ctrl 键选择剩下的单元格。

2．行、列操作

（1）插入行或列。单击"开始"选项卡"单元格"组中的"插入"按钮，在下拉列表中选择相应的命令插入行或列，如图 5-9 所示。

（2）删除行或列。单击"开始"选项卡"单元格"组中的"删除"按钮，在下拉列表中选择相应的命令删除行或列。

（3）调整行高或列宽。单击"开始"选项卡"单元格"组中的"格式"按钮，在下拉列表中选择"行高"或"列宽"命令，如图 5-10 所示，在打开的"行高"或"列宽"对话框中输入行高或列宽值。

图 5-9　"插入"下拉列表　　　　图 5-10　"格式"下拉列表

以上行、列设置也可在选择需要设置的行、列后，使用右键快捷菜单中的相应的命令完成。

3．设置单元格格式

单击"开始"选项卡"单元格"组中的"设置单元格格式"按钮，打开"设置单元格格式"对话框，如图 5-11 所示。在该对话框中，可完成对文字的字体、单元格的背景填充、表格的边框、数字和对齐方式等格式的设置。

（1）设置单元格对齐方式。单击"开始"选项卡"对齐方式"组右下角的"对齐设置"对话框启动器按钮，在打开的对话框中进行对齐方式设置。例如，合并单元格操作。选中需要进行合并操作的单元格区域，打开"设置单元格格式"对话框，在"文本控制"组中勾选"合并单元格"复选框，如图 5-12 所示；或单击"开始"选项卡"对齐方式"组中的"合并后居中"按钮进行设置。

图 5-11　"设置单元格格式"对话框

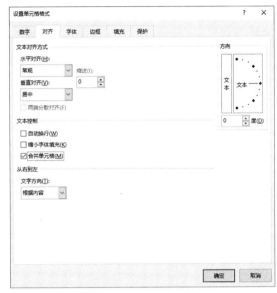

图 5-12　合并单元格

（2）设置表格边框。选中需要添加边框的单元格区域，打开"设置单元格格式"对话框，单击"边框"选项卡，首先在"直线"组中选择线条的颜色和样式，然后在"预置"或"边框"组中选择要应用选中设置的框线，则可在预览草图中预览到框线的设置效果，如图 5-13 所示；或单击"开始"选项卡"字体"组中的"下框线"按钮 进行设置。

（3）设置字体格式。选中需要设置的文字或单元格，单击"开始"选项卡"字体"组右下角的"字体设置"对话框启动器按钮 ，如图 5-14 所示，可对文字的字体、字号、颜色等进行设置，还可为文字添加下划线，设置选中对象为上标、下标等；或单击"开始"选项卡"字体"组中的按钮进行设置。

图 5-13　表格框线设置

图 5-14　字体设置

（4）设置单元格背景。选中需要设置的单元格，打开"设置单元格格式"对话框，单击"填充"选项卡，如图 5-15 所示，可对单元格的背景色、图案等进行设置；或单击"开始"选项卡"字体"组中的"填充颜色"按钮 ◇ 进行设置。

4. 设置数据格式

选中需要设置的文字或单元格，单击"开始"选项卡"数字"组右下角的"数字格式"对话框启动器按钮 ⬚，在打开的对话框中可设置数值型数据、日期等的数据格式。例如，单元格中输入的日期值为 1949 年 10 月 1 日，要求同时显示该日期为星期几，则数据格式设置为：在"分类"列表框中选择"自定义"命令，在"类型"文本框中输入"yyyy"年"m"月"d"日"aaaa"，如图 5-16 所示。

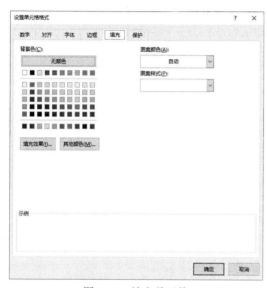

图 5-15　填充单元格

图 5-16　自定义日期格式

5.3.2　工作表高级格式化

除了手动设置各种表格格式外，Excel 还提供了各种自动格式化的高级功能，帮助用户进行快速格式化操作。

1. 套用表格格式

Excel 提供了大量预置好的表格样式，可自动实现包括字体大小、填充图案和表格边框等单元格格式集合的应用，用户可以根据需要选择预定格式实现快速格式化表格。

（1）单元格样式。单击"开始"选项卡"样式"组中的"单元格样式"按钮，打开预置样式列表，如图 5-17 所示，选择一个预置的样式，即可在选定单元格中进行应用。另外，还可以单击列表下方的"新建单元格样式"按钮，在打开的"样式"对话框中，新建一个单元格样式。

（2）套用表格样式。单击"开始"选项卡"样式"组中的"套用表格格式"按钮，打开预置样式列表，如图 5-18 所示，鼠标指向某一个样式即可显示该样式名称，可在选定单元格区域中应用选中的样式。另外，还可以单击列表下方的"新建表格样式"按钮，在打开的"新建表样式"对话框中，新建一个套用表格样式。

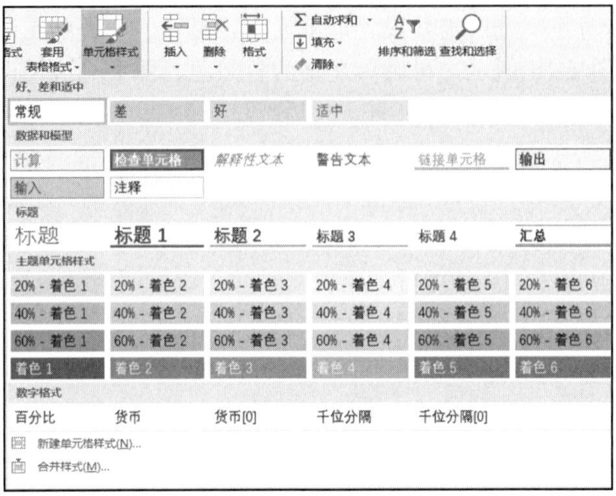

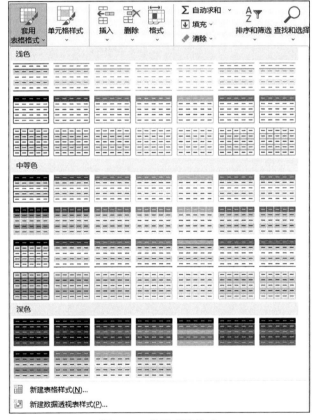

图 5-17　单元格样式

图 5-18　套用表格格式

2. 条件格式

条件格式功能可以快速地为选定单元格区域中满足条件的单元格设定某种格式。

例如，设定某个成绩表中 90 分及 90 分以上成绩的单元格均为黄色填充红色字体显示。设置方法为：单击"开始"选项卡"样式"组中的"条件格式"按钮，在下拉列表中选择"新建规则"命令,打开"新建格式规则"对话框,在"选择规则类型"列表框中选择"只为包含以下内容的单元格设置格式",如图 5-19 所示。单击"格式"按钮,打开"设置单元格格式"对话框,设置字体及填充颜色。

图 5-19　设置条件格式

5.4　工作表和工作簿操作

工作簿和工作表是 Excel 的两个基本操作对象,在 Excel 操作中,经常要面临对工作簿或工作表的操作,例如工作簿的创建与保护,工作表的插入与共享等。

5.4.1　工作簿和工作表的基本操作

工作簿和工作表的基本操作包括创建、打开工作簿,插入、删除工作表等,这是在 Excel 中进行数据处理时最常进行的操作。

1．工作簿的基本操作

（1）创建工作簿。

1）创建空白工作簿。单击"文件"→"新建"命令,单击"空白工作簿"按钮,如图 5-20 所示,即可创建一个新的工作簿。

2）根据模板创建工作簿。模板是一种根据日常生活和工作需要预先添加了一些常用的文本、数据及格式的文档,在模板中可以包含公式和宏,一般模板会以某一文件类型保存。

单击"文件"→"新建"命令,单击任一个模板。例如单击"个人月度预算",单击"创建"按钮,即可创建"个人月度预算"工作簿。若在"搜索联机模板"中输入模板名称,则可联网在线选择更多的模板。

3）创建一个模板。在 Excel 中,可以用一个已经创建好的文档作为模板创建新的 Excel 文档。只需将作为模板的 Excel 文档打开并另存为"Excel 模板"类型即可。

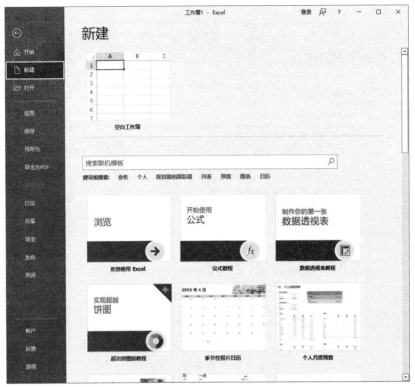

图 5-20　创建空白工作簿

（2）打开与关闭工作簿。

1）打开工作簿。单击"文件"→"打开"命令，单击"浏览"按钮，在如图 5-21 所示的"打开"对话框中选择需要打开的工作簿，然后单击"打开"按钮，即可打开指定的工作簿。

图 5-21　"打开"对话框

2）关闭工作簿。单击 Excel 窗口右上角的"关闭"按钮，即可关闭工作簿。

2．工作表的基本操作

（1）插入新工作表。在 Excel 中，插入一个新的工作表有以下 3 种方式：

1）单击工作表底部的"新工作表"按钮 ⊕ 。

2）单击"开始"选项卡"单元格"组中的"插入"按钮，在下拉列表中选择"插入工作表"命令。

3）鼠标指向工作表标签并右击，在弹出的快捷菜单（图 5-22）中选择"插入"命令，在打开的"插入"对话框的"常用"选项卡下双击"工作表"选项，如图 5-23 所示。

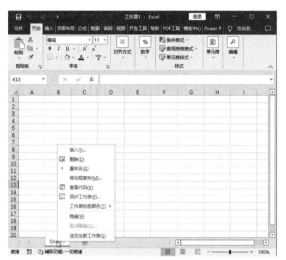

图 5-22　工作表标签右键快捷菜单

图 5-23　"插入"对话框

（2）删除工作表。鼠标指向待删除的工作表标签并右击，在弹出的快捷菜单中选择"删除"命令；或单击"开始"选项卡"单元格"组中的"删除"按钮，在下拉列表中选择"删除工作表"命令，均可删除被选中工作表。

（3）移动和复制工作表。鼠标指向待移动的工作表标签并右击，在弹出的快捷菜单中选择"移动或复制"命令，在打开的"移动或复制工作表"对话框中选择移动后工作表的位置，如图 5-24 所示，单击"确定"按钮。如果需要复制工作表，则在"移动或复制工作表"对话框中勾选"建立副本"选项。

（4）重命名工作表。鼠标指向需要重命名的工作表标签并右击，在弹出的快捷菜单中选择"重命名"命令，然后输入新的工作表名称。

（5）设置工作表标签颜色。鼠标指向需要设置的工作表标签并右击，在弹出的快捷菜单中选择"工作表标签颜色"命令；或单击"开始"选项卡"单元格"组中的"格式"按钮，在下拉列表中选择"工作表标签颜色"选项，选取需要设置的颜色。

3. 工作表的打印和输出

在工作表输出之前，对工作表的页面、打印范围、纸张等进行适当的设置，能获得更好的输出效果。

（1）页面设置。包括对页边距、页眉页脚、打印标题等项目的设置。单击"页面布局"选项卡"页面设置"组中对应的按钮即可进行设置；或单击"页面设置"组右下角的"页面设置"对话框启动器按钮 ，在如图 5-25 所示的"页面设置"对话框中进行设置。

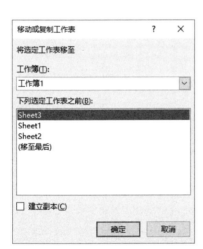

图 5-24 "移动或复制工作表"对话框   图 5-25 "页面设置"对话框

1）页眉/页脚。可以在打印的工作表的顶部或底部添加页眉或页脚。例如，可以创建一个包含页码、日期和时间以及文件名的页脚。页眉和页脚不会以普通视图显示在工作表中，仅以页面布局视图显示在打印页面上。

2）打印标题。在每个打印页面上重复特定的行或列。即如果工作表跨越多页，则可以在每一页上打印行和列标题或标签，以便正确地标记数据。

（2）打印范围设置。单击"文件"→"打印"命令，在"设置"区域单击"无缩放"选项，再在"页数"后的下拉列表中选择需要的设置项，如图 5-26 所示。

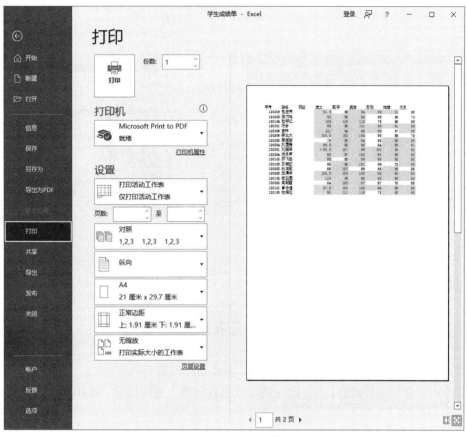

图 5-26　打印范围设置

5.4.2　工作簿和工作表的保护

通过对工作簿或工作表的保护，可以避免对工作簿的结构或工作表中的数据进行不必要的更改。

1. 保护工作簿

单击"审阅"选项卡"保护"组中的"保护工作簿"按钮，输入密码，如图 5-27 所示。单击"确定"按钮，再次确认密码，即可完成对工作簿的保护。在"保护结构和窗口"对话框中，勾选"结构"选项，将不能在被保护的工作簿中插入、删除和移动工作表。勾选"窗口"选项，则不能改变被保护工作簿窗口的大小或移动窗口。

在工作簿被保护后，单击"保护工作簿"按钮，输入密码，可以撤消保护。

2. 保护工作表

单击"审阅"选项卡"保护"组中的"保护工作表"按钮，输入密码，如图 5-28 所示。单击"确定"按钮，再次确认密码，即可完成对工作表的保护。受保护的工作表中，单元格的格式，行和列的插入、删除等操作都不能进行。可在"保护工作表"对话框中选择需进行保护的选项。

工作表被保护后，"保护工作表"按钮变为"撤消工作表保护"按钮，单击输入密码即可撤消保护。

图 5-27　"保护结构和窗口"对话框　　　图 5-28　"保护工作表"对话框

5.5　利用公式求单元格的值

公式是对工作表中的值执行计算的等式。公式始终以等号"="开头，可以包含函数、引用、运算符和常量。在 Excel 中，使用公式可以执行计算、返回信息、操作其他单元格的内容、测试条件等操作。

5.5.1　公式的输入与编辑

1. 输入公式

在工作表中输入公式，首先单击待输入公式的单元格，输入一个"="，向系统表明正在输入的是公式，否则系统会判定其为文本数据而不会产生计算结果。然后输入常量或单元格地址，也可单击需要选定的单元格或单元格区域，按 Enter 键完成输入。

例如，要在 C1 单元格中填入 A1 和 B1 两个单元格中数据的乘积，则 C1 单元格中的输入内容为：=A1*B1。

Excel 中的常用运算符见表 5-1。

表 5-1　常用运算符

运算符		含义	示例
算术运算符	+（加号）	加法	3+3
	−（减号）	减法	3−1
		负数	−1
	*（星号）	乘法	3*3
	/（正斜杠）	除法	3/3
	^（脱字号）	乘方	3^2

运算符		含义	示例
关系运算符	=（等号）	等于	A1=B1
	>（大于号）	大于	A1>B1
	<（小于号）	小于	A1<B1
	>=（大于等于号）	大于或等于	A1>=B1
	<=（小于等于号）	小于或等于	A1<=B1
	<>（不等号）	不等于	A1<>B1
引用运算符	:（冒号）	区域运算符，生成一个对两个引用之间所有单元格的引用（包括这两个引用）	B5:B15
	,（逗号）	联合运算符，将多个引用合并为一个引用	SUM(B5:B15,D5:D15)
文本运算符	&（与号）	将两个值连接（或串联）起来产生一个连续的文本值	"North"&"wind"的结果为"Northwind"

2．修改公式

双击公式所在的单元格进入编辑状态，则可在单元格或编辑栏中修改公式。修改完毕后，按 Enter 键即确认修改。如果要删除公式，则单击公式所在的单元格，再按 Delete 键。

3．公式的复制与填充

输入到单元格中的公式，可以像普通数据一样，通过拖动填充柄进行复制填充，此时填充的不是数据本身，而是复制公式。此操作也可通过单击"开始"选项卡"编辑"组中的"填充"按钮完成。填充时公式中对单元格的引用采用的是相对引用。

5.5.2　引用工作表中的数据

在公式中很少输入常量，最常用到的是单元格引用。单元格引用是指对工作表中的单元格或单元格区域的引用，它可以在公式中使用，以便 Excel 可以找到需要公式计算的值或数据。

1．单元格引用

单元格引用方式分为以下几类：

（1）相对引用。与包含公式的单元格位置相关，引用的单元格地址不是固定地址，而是相对于公式所在单元格的相对位置，相对引用地址表示为"列标行号"，如 A1。默认情况下，在公式中对单元格的引用都是相对引用。例如，在 C1 单元格中输入公式"=A1*B1"，表示的是在 C1 单元格中引用它左边相邻的第一个和第二个单元格的值。当拖动填充复制该公式到 C2 单元格时，因与 C2 左边相邻的第一个和第二个单元格是 A2 和 B2，所以复制到 C2 单元格中的公式也就变成了"=A2*B2"。

（2）绝对引用。与包含公式的单元格位置无关。在复制公式时，如果希望引用的位置不发生变化，就需要用绝对引用。绝对引用的表示方式为"$列标$行号"。例如，工作表 A1 到 A12 单元格数据为某公司每个月的销售额，A13 为全年总销售额，现需要在 B 列中求每个月销售额占全年销售额的百分比，则在 B1 单元格中输入公式"=A1/$A$13"，使用填充柄拖动填充公式至 B12 单元格，设置 B 列的数字格式为百分比。其中，在输入的公式中，$A$13 表示绝对引用，在公式复制时，其地址不会变化，始终引用 A13 单元格的值（全年总销售额）。如

B2 单元格中的公式为 "=A2/$A$13"。

（3）混合引用。Excel 中允许仅对某一单元格的行或列进行绝对引用。当列标需要变化而行号不需要变化时，单元格地址应表示为 "列标$行号"，如 A$1；当行号需要变化而列标不需要变化时，单元格地址应表示为 "$列标行号"，如$B1。

2. 引用其他工作表中的数据

在单元格引用的前面加上工作表的名称和感叹号（!），可以引用其他工作表中的单元格，具体表示为 "工作表名称!单元格地址"。例如，Sheet2!E3 表示引用 Sheet2 工作表 E3 单元格中的数据。

3. 引用其他工作簿工作表中的数据

在最前面加上[工作簿名]，接着在单元格引用的前面加上工作表的名称和感叹号（!），可以引用其他工作簿工作表中的单元格，具体表示为 "[工作簿名]工作表名称!单元格地址"。例如，[b1]Sheet1!B4 表示引用 b1 工作簿 Sheet1 工作表 B4 单元格中的数据。

5.6　名称的定义与引用

名称是在 Excel 中代表单元格、单元格区域、公式或常量值的单词或字符串，是一个有意义的简略表示法，便于了解单元格引用、常量、公式或表的用途。例如，为保存了商品价格的单元格区域 E1:E10 定义名称 Price，现在需要在 E11 单元格中求商品的最高价格，则输入公式可以为 "=MAX(E1:E10)"，也可以为 "=MAX(Price)"。

使用名称可以使公式更加容易理解和维护。

5.6.1　定义名称

创建和编辑名称时需要遵循一定的语法规则，目前，可以创建和使用的名称类型主要有两种：其一为已定义名称，代表单元格、单元格区域、公式或常量值的名称，一般由用户自己定义；其二为表名称，即在 Excel 工作表中插入的表格的名称，由系统默认创建。

1. 名称的语法规则

下面是创建和编辑名称时需要注意的语法规则。

（1）有效字符。名称中的第一个字符必须是字母、下划线（_）或反斜杠（\）。名称中的其余字符可以是字母、数字、句点和下划线。需注意的是，大小写字母 "C" "c" "R" 或 "r" 不能用作已定义名称。

（2）名称长度。一个名称最多可以包含 255 个字符。

（3）不能与单元格地址相同。如 A1，$B3 等不能用作名称。

（4）空格无效。在名称中不允许使用空格。可以使用下划线（_）和句点（.）作为单词分隔符。例如 Sales_Tax 或 First.Quarter。

（5）不区分大小写。名称可以包含大写字母和小写字母。例如，如果创建了名称 Sales，接着又在同一工作簿中创建另一个名称 SALES，则 Excel 会视作同一个名称。

（6）唯一性。名称在其适用范围内必须始终唯一。

2. 名称的适用范围

名称的适用范围是指在没有限定的情况下能够识别名称的位置。

如果定义了一个名称 name，其适用范围为 Sheet1，则该名称在没有限定的情况下只能在 Sheet1 中被识别，而不能在其他工作表中被识别。当需要在另一个工作表中识别该名称时，可以通过在前面加上名称所在工作表的名称来限定它，如 sheet1!name。

如果定义了一个名称，其适用范围限于工作簿，则该名称对于该工作簿中的所有工作表都是可识别的，但对于其他任何工作簿是不可识别的。

3．定义名称的方式

定义名称可以使用以下几种方式。

（1）使用编辑栏上的"名称框"定义名称。该方式最适用于为选定区域创建工作簿级别的名称。

（2）根据所选内容创建。使用命令，可以很方便地基于工作表单元格区域的现有行和列标签来创建名称。打开"公式"选项卡，单击如图 5-29 所示的"定义的名称"组中的"根据所选内容创建"按钮。在如图 5-30 所示的"根据所选内容创建名称"对话框中选择名称值。

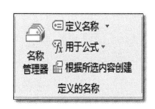

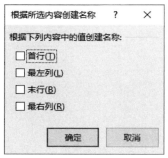

图 5-29　"定义的名称"组　　　　图 5-30　"根据所选内容创建名称"对话框

（3）使用"新建名称"对话框创建名称。单击"公式"选项卡"定义的名称"组中的"定义名称"按钮。在如图 5-31 所示的"新建名称"对话框中可定义名称，通过"范围"选项设定名称的适用范围，使用"引用位置"选项指定需创建名称的对象，也可在"批注"文本框中为名称添加 255 个字符以内的说明。需要关注的是，如果引用位置经由键盘输入时，需要先输入一个"＝"，再输入单元格、单元格区域、常量或公式。默认情况下，名称使用绝对单元格引用。这种定义名称的方式适用于希望灵活创建名称的用户。

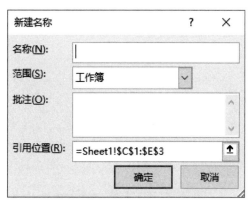

图 5-31　"新建名称"对话框

5.6.2　引用名称

名称可以直接用来快速选定已命名的区域，可以通过名称在公式中实现绝对引用。

1. 引用名称的方法

（1）通过"名称框"引用。单击"名称框"右侧的黑色箭头，在打开的下拉列表中将会显示所有已被命名的单元格及单元格区域的名称，如图 5-32 所示。单击选择某一名称，该名称所引用的单元格或单元格区域将被选中。

图 5-32　名称框

（2）在公式中引用。单击"公式"选项卡"定义的名称"组中的"用于公式"按钮。在下拉列表中选择需要引用的名称，该名称将会出现在当前单元格的公式中，按 Enter 键确认输入。

2. 编辑和删除名称

单击"公式"选项卡"定义的名称"组中的"名称管理器"按钮弹出如图 5-33 所示的"名称管理器"对话框。在列表框中双击需要更改的名称，或选中需要编辑的名称，单击"编辑"按钮，在打开"编辑名称"对话框中可对名称进行修改。

图 5-33　"名称管理器"对话框

如果需要删除名称，则在图 5-33 所示的对话框中选择需要删除的名称，单击"删除"按钮即可。

5.7　Excel 函数

函数是预先编写的公式，可以对一个或多个数据值执行运算，并返回一个或多个值。函数主要用于处理简单的四则运算不能处理的算法，是为解决复杂计算需求而提供的一种预置算法。

5.7.1　函数分类

函数通常表示为：函数名([参数 1],[参数 2],…)。括号中的参数可以没有，也可以有一个或多个，多个参数之间用西文字符逗号","分隔。其中，方括号[]中的参数表示可选，如果参数没有方括号，则表示该参数是必须要有的。参数可以是常量、单元格地址、已定义的名称、函数、公式等。

函数实际上就是预先编辑好的公式，所以在输入函数时必须先输入一个等号"="。

1. 函数的分类

函数是 Excel 数据处理能力的强大支撑，根据日常生活和工作数据处理的需求，Excel 中预置了多种不同类型的函数。函数的分类见表 5-2。

表 5-2　函数的分类

函数类型	常用函数示例及说明
兼容性函数	RANK(number,ref,order)返回一个数字在一列数字中的大小排名 说明：RANK 函数与 Excel 2007 及以前的版本兼容
多维数据集函数	CUBEVALUE(connection,member_expression1,…)从多维数据集中返回聚合值
数据库函数	DCOUNT(database, field, criteria)从满足给定条件的数据库记录的字段（列）中，计算数值单元格数目
日期和时间函数	TODAY()返回日期格式的当前日期
工程函数	CONVERT(number,from_unit,to_unit)将数字从一个度量系统转换到另一个度量系统中
财务函数	NPV(rate,value1,value2,…)通过使用贴现率以及一系列未来支出（负值）和收入（正值），返回一项投资的净现值
信息函数	ISBLANK(value)如果值为空，则返回 TRUE
逻辑函数	IF(logical_test,value_if_true,value_if_false)如果指定条件的计算结果为 TRUE，IF 函数将返回某个值；如果该条件的计算结果为 FALSE，则返回另一个值
查找与引用函数	VLOOKUP(lookup_value,table_array,col_index_num, [range_lookup]) 按列查找。搜索表区域首列满足条件的元素，确定待检索单元格在区域中的行序号，再进一步返回选定单元格的值
数学和三角函数	ROUND(number,num_digits)函数可将某个数字四舍五入为指定的位数
统计函数	AVERAGE(number1,[number2],...)返回参数的平均值（算术平均值）
文本函数	MID(text,start_num,num_chars)返回文本字符串中从指定位置开始的特定数目的字符,该数目由用户指定
Web 函数	ENCODEURL(text)返回 URL 的编码的字符串

2. 函数的基本使用方法

输入函数,可以在单元格中输入"=函数名(参数列表)",但更常用的方式是通过命令插入公式。

(1)通过"函数库"组插入。单击"公式"选项卡"函数库"组中的各类函数按钮,在如图 5-34 所示的下拉列表中选择要插入的函数名,打开"函数参数"对话框,如图 5-35 所示。设置函数参数,单击"确定"按钮,即可在当前单元格中插入选定函数。

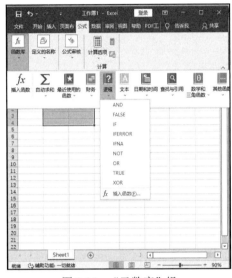

图 5-34 "函数库"组   图 5-35 "函数参数"对话框

(2)通过"插入函数"按钮插入。单击"公式"选项卡"函数库"组中的"插入函数"按钮,或者单击编辑栏中的"插入函数"按钮,打开"插入函数"对话框,如图 5-36 所示。在"或选择类别"下拉列表框中选择需要插入函数的类别,在"选择函数"列表框中单击需要插入的函数,打开"函数参数"对话框,设置函数参数后单击"确定"按钮。

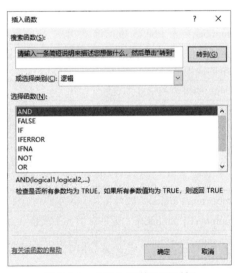

图 5-36 "插入函数"对话框

（3）修改函数。在包含函数的单元格双击，进入编辑状态，对函数进行修改后按 Enter 键确认。

5.7.2　常用函数的使用

条件函数　　　条件求和函数

1. 日期天数函数 DAY(serial_number)

功能：返回某日期的天数，用整数 1～31 表示。

参数说明：serial_number 是必需的参数，表示要查找的那一天的日期。

举例：在单元格 A1 中输入日期 1949/10/1，则=DAY(A1)的返回值为天数 1。

2. 日期月份函数 MONTH(serial_number)

功能：返回某日期的月份，用整数 1～12 表示。

参数说明：serial_number 是必需的参数，表示要查找月份的日期。

举例：在单元格 A1 中输入日期 1949/10/1，则=MONTH(A1)的返回值为月份 10。

3. 日期年份函数 YEAR(serial_number)

功能：返回某日期的年份，值为 1900～9999 之间的整数。

参数说明：serial_number 是必需的参数，表示要查找年份的日期。

举例：在单元格 A1 中输入日期 1949/10/1，则=YEAR(A1)的返回值为年份 1949。

4. 当前日期函数 TODAY()

功能：返回当前日期。

参数说明：该函数没有参数。

举例：假设某人 1990 年出生，现要求此人年龄，则可在单元格中输入=YEAR(TODAY())-1990，以 TODAY 函数的返回值作为 YEAR 函数的参数获取当前年份，然后减去出生年份 1990，最终获得年龄。

5. 星期函数 WEEKDAY(serial_number,[return_type])

功能：返回某日期为星期几。默认情况下，其值为 1（星期天）～7（星期六）之间的整数。

参数说明：serial_number 是必需的参数，代表尝试查找的那一天的日期；return_type 是可选参数，用于确定返回值类型的数字，数字的意义见表 5-3。

表 5-3　return_type 参数类型

参数值	参数值的意义
1 或省略	数字 1（星期日）到数字 7（星期六）
2	数字 1（星期一）到数字 7（星期日）
3	数字 0（星期一）到数字 6（星期日）
11	数字 1（星期一）到数字 7（星期日）
12	数字 1（星期二）到数字 7（星期一）
13	数字 1（星期三）到数字 7（星期二）
14	数字 1（星期四）到数字 7（星期三）
15	数字 1（星期五）到数字 7（星期四）
16	数字 1（星期六）到数字 7（星期五）
17	数字 1（星期日）到数字 7（星期六）

举例：=WEEKDAY(TODAY(),2)，若当前日期为星期三，则返回值为 3。

说明：Excel 将日期存储为可用于计算的序列号。默认情况下，1900 年 1 月 1 日的序列号是 1，而 2008 年 1 月 1 日的序列号是 39448，这是因为它距 1900 年 1 月 1 日有 39447 天。

6. 求和函数 SUM(number1,[number2],[...])

功能：将指定为参数的所有数字相加。每个参数都可以是单元格区域、单元格引用、数组、常量、公式或另一个函数的结果。

参数说明：number1 是必需的参数，表示想要相加的第一个数值参数；number2,...是可选参数，表示想要相加的 2~255 个数值参数。

举例：=SUM(A1:A10)，将单元格区域 A1:A10 中的数据相加。

7. 条件求和函数 SUMIF(range,criteria,[sum_range])

功能：可以对区域中符合指定条件的值求和。

参数说明：range 是必需的参数，表示条件计算的单元格区域，每个区域中的单元格都必须是数字或名称、数组或包含数字的引用，空值和文本值将被忽略；criteria 是必需的参数，表示求和条件，用于确定对哪些单元格求和，其形式可以为数字、表达式、单元格引用、文本或函数；sum_range 是可选参数，表示要求和的实际单元格，用于对未在 range 参数中指定的单元格求和，如果 sum_range 参数被省略，则会对在 range 参数中指定的单元格求和。

说明：任何文本条件或任何含有逻辑或数学符号的条件都必须使用双引号(")括起来，如果条件为数字，则无需使用双引号。例如，条件可以表示为 90、">=60"、A2、"男"或 TODAY()。

举例：=SUMIF(A2:A7,"男",C2:C7)，表示将单元格区域 A2:A7 中值为"男"的单元格对应的单元格区域 C2:C7 中的单元格的值相加。

8. 多条件求和函数 SUMIFS(sum_range,criteria_range1,criteria1,[criteria_range2,criteria2],...)

功能：对区域中满足多个条件的单元格求和。

参数说明：sum_range 是必需的参数，表示要进行求和计算的区域，包括数字或包含数字的名称、区域或单元格引用，忽略空白和文本值；criteria_range1 是必需的参数，表示在其中计算关联条件的第一个区域；criteria1 是必需的参数，表示第一个求和条件，条件的形式为数字、表达式、单元格引用或文本，可用来定义将对 criteria_range1 参数中的哪些单元格求和；criteria_range2,criteria2,...是可选参数，是附加的区域及其关联条件，最多允许 127 个区域/条件对。

举例：=SUMIFS(B2:E2,B3:E3,">3%",B4:E4,">=2%")，表示单元格区域 B3:E3 中单元格的值大于 3%并且单元格区域 B4:E4 中单元格的值大于或等于 2%时，对单元格区域 B2:E2 中相应单元格的值相加。

9. 四舍五入函数 ROUND(number,num_digits)

功能：将某个数字四舍五入为指定的位数。

参数说明：number 是必需的参数，表示要四舍五入的数字；num_digits 是必需的参数，表示四舍五入后保留的小数位数。

举例：=ROUND(3.14159,2)，表示对数值 3.14159 进行四舍五入，并保留两位小数，结果为 3.14。

说明：如果需要始终向上舍入，可使用 ROUNDUP 函数；如果需要始终向下舍入，可使用 ROUNDDOWN 函数。例如计算停车收费时，如果未满 1 小时均按 1 小时计费，这时需要向上舍入计时；如果未满 1 小时均不计费，则需要向下舍入计时。

10. 取整函数 INT(number)

功能：将数字向下舍入到最接近的整数。

参数说明：number 是必需的参数，表示需要进行向下舍入取整的实数。

举例：=INT(3.14)，结果为 3。

11. 求绝对值函数 ABS(number)

功能：返回数字的绝对值。

参数说明：number 是必需的参数，表示需要计算其绝对值的实数。

举例：=ABS(-2)，结果为 2。

12. 取余函数 MOD(number,divisor)

功能：返回两数相除的余数，结果的正负号与除数相同。

参数说明：number 是必需的参数，表示被除数；divisor 是必需的参数，表示除数。

举例：=MOD(3,2)，表示求 3 除以 2 的余数，函数返回值为 1。

13. 求平均值函数 AVERAGE(number1,[number2],...)

功能：返回参数的算术平均值。

参数说明：number1 是必需的参数，表示要计算平均值的第一个数字或单元格区域；number2,...是可选的参数，表示要计算平均值的其他数字、单元格引用或单元格区域，最多可包含 255 个。

举例：=AVERAGE(A2:A6)，表示求单元格区域 A2:A6 中的数据的平均值。

说明：当需要对满足条件的单元格区域求平均值时，可使用 AVERAGEIF（满足一个条件）或 AVERAGEIFS（满足多个条件），函数的使用方法和条件求和函数类似。

14. 排位函数 RANK.AVG(number,ref,[order])

功能：返回一个数字在数字列表中的排位，数字的排位是其大小与列表中其他值的比值。

参数说明：number 是必需的参数，表示要查找其排位的数字；ref 是必需的参数，表示数字列表数组或对数字列表的引用，ref 中的非数值型值将被忽略；order 是可选的参数，是一个表示排位方式的数字，如果 order 为 0 或忽略，Excel 对数字的排位就会基于降序排序的列表，如果 order 不为 0，Excel 对数字的排位就会基于升序排序的列表。

举例：=RANK.AVG(H6,G5:G20)，表示单元格 H6 的值在单元格区域 G5:G20 值中的排位，返回的排位值是基于单元格区域 G5:G20 值降序排列的结果。

说明：RANK.EQ 函数也能实现排位功能。区别在于：如果多个值具有相同的排位，RANK.AVG 将返回平均排位，而 RANK.EQ 排位函数将会返回实际排位。

15. 计数函数 COUNT(value1,[value2],...)

功能：计算包含数字的单元格以及参数列表中数字的个数。

参数说明：value1 是必需的参数，表示要计算其中数字的个数的第一个项、单元格引用或区域；value2,...是可选的参数，表示要计算其中数字的个数的其他项、单元格引用或区域，最多可包含 255 个。

举例：=COUNT(A2:A8)，表示计算单元格区域 A2～A8 中包含数字的单元格的个数。

说明：当对包含任何类型信息的单元格进行计数时，使用 COUNTA 函数。

16. 条件计数函数 COUNTIF(range,criteria)

功能：对区域中满足单个指定条件的单元格进行计数。

参数说明：range 是必需的参数，表示要对其进行计数的一个或多个单元格，其中包括数字或名称、数组或包含数字的引用，空值和文本值将被忽略；criteria 是必需的参数，表示条件，用于限定将对哪些单元格进行计数，条件可以是数字、表达式、单元格引用或文本字符串。

举例：=COUNTIF(B2:B5,"<>"&B4)，表示计算单元格区域 B2～B5 中值不等于 B4 单元格值的单元格的个数。

说明：若要根据多个条件对单元格进行计数时，使用 COUNTIFS 函数。

17. 最大值函数 MAX(number1,[number2],...)

功能：返回一组值中的最大值。

参数说明：number1,number2,...number1 是必需的，后续数值是可选的，这些是要从中找出最大值的 1～255 个数字参数，参数可以是数字或者是包含数字的名称、数组或引用。

举例：=MAX(A2:A6)，表示求单元格区域 A2:A6 中数据的最大值。

18. 最小值函数 MIN(number1,[number2],...)

功能：返回一组值中的最小值。

参数说明：number1,number2,...number1 是必需的，后续数值是可选的，这些是要从中找出最小值的 1～255 个数字参数，参数可以是数字或者是包含数字的名称、数组或引用。

举例：=MIN(A2:A6)，表示求单元格区域 A2:A6 中数据的最小值。

19. 取字符函数 MID(text,start_num,num_chars)

功能：返回文本字符串中从指定位置开始的特定数目的字符，该数目由用户指定。

参数说明：text 是必需的参数，表示包含要提取字符的文本字符串；start_num 是必需的参数，表示文本中要提取的第一个字符的位置，文本中第一个字符的 start_num 为 1，依次类推；num_chars 是必需的参数，用于指定希望 MID 从文本中返回字符的个数。

举例：=MID(A2,1,5)，表示从 A2 单元格中数据的第 1 个字符开始，提取 5 个字符。

说明：若需提取文本最开始的一个或多个字符，可以使用 LEFT 函数；若需提取文本最后的一个或多个字符，可以使用 RIGHT 函数。

20. 求字符个数函数 LEN(text)

功能：返回文本字符串中的字符数。

参数说明：text 是必需的参数，表示要查找其长度的文本，空格将作为字符进行计数。

举例：=LEN("中国")，返回值为 2。

21. 删除空格函数 TRIM(text)

功能：除了单词之间的单个空格外，清除文本中所有的空格。

参数说明：text 是必需的参数，表示需要删除其中空格的文本。

举例：=TRIM(" FirstQuarterEarnings ")，返回值为"FirstQuarterEarnings"，删除了文本首、尾部的空格。

22. 垂直查询函数 VLOOKUP(lookup_value,table_array,col_index_num,[range_lookup])

功能：按列查找，搜索表区域首列满足条件的元素，确定待检索单元格在区域中的行序号，再进一步返回选定单元格的值。

参数说明：lookup_value 是必需的参数，表示要在表格或区域的第一列中搜索的值。

lookup_value 参数可以是值或引用。如果为 lookup_value 参数提供的值小于 table_array 参数第一列中的最小值，则 VLOOKUP 将返回错误值#N/A。table_array 是必需的参数，表示包含数据的单元格区域，可以使用对区域或区域名称的引用。table_array 第一列中的值是由 lookup_value 搜索的值，这些值可以是文本、数字或逻辑值，文本不区分大小写。col_index_num 是必需的参数，表示 table_array 参数中必须返回的匹配值的列号。col_index_num 参数为 1 时，返回 table_array 第一列中的值；col_index_num 为 2 时，返回 table_array 第二列中的值，依次类推。如果 col_index_num 参数小于 1，则 VLOOKUP 返回错误值#VALUE!；如果 col_index_num 大于 table_array 的列数，则 VLOOKUP 返回错误值#REF!。range_lookup 是可选参数，表示一个逻辑值，指定希望 VLOOKUP 查找精确匹配值还是近似匹配值。如果 range_lookup 为 TRUE 或被省略，则返回精确匹配值或近似匹配值；如果找不到精确匹配值，则返回小于 lookup_value 的最大值；如果 range_lookup 参数为 FALSE，VLOOKUP 将只查找精确匹配值；如果 table_array 的第一列中有两个或更多值与 lookup_value 匹配，则使用第一个找到的值；如果找不到精确匹配值，则返回错误值#N/A。

举例：=VLOOKUP(2,A2:C10,2,TRUE)，使用近似匹配搜索 A 列中的值 2，在 A 列中找到等于 2 的值，如果没有等于 2 的值，则找到最接近 2 的值，然后返回同一行中 B 列的值。这里函数中的第一个参数 2，表示要在第一列中搜索的值；第二个参数，表示数据所在的单元格区域；第三个参数 2，表示返回第 2 列的值，即 B 列的值；第四个参数 TRUE，表示近似匹配查找关键值。

23．条件函数 IF(logical_test,[value_if_true],[value_if_false])

功能：如果指定条件的计算结果为 TRUE，IF 函数将返回某个值；如果该条件的计算结果为 FALSE，则返回另一个值。

参数说明：logical_test 是必需的参数，计算结果可能为 TRUE 或 FALSE 的任意值或表达式。例如，A10=100 就是一个逻辑表达式，如果单元格 A10 中的值等于 100，表达式的计算结果为 TRUE，否则为 FALSE，此参数可使用任何比较运算符。value_if_true 是可选的参数，表示 logical_test 参数的计算结果为 TRUE 时所要返回的值。value_if_false 是可选的参数，表示 logical_test 参数的计算结果为 FALSE 时所要返回的值。

举例：=IF(A2<=100,"预算内","超出预算")，如果单元格 A2 中的数字小于等于 100，公式将返回"预算内"；否则，函数显示"超出预算"。

5.8　应用案例——函数的使用

在处理成绩单时，使用函数可以简化和缩短工作表中的公式，尤其在用公式执行很长或复杂的计算时。

5.8.1　案例描述

某企业职工进行计算机考试，要求对"职工计算机成绩单"文件进行如下处理：

（1）在"成绩单"工作表中，删除"姓名"列中所有汉语拼音字母，只保留汉字。

（2）计算每个员工 5 个考核科目（Word、Excel、PowerPoint、Outlook 和 Visio）的平均成绩，并填写在"平均成绩"列中。

（3）在"等级"列中计算并填写每位员工的考核成绩等级，等级的计算规则见表 5-4。

表 5-4　等级的计算规则

等级	分类计算规则
不合格	5 个考核科目中任一科目成绩低于 60 分
及格	60 分≤平均成绩<75 分
良	75 分≤平均成绩<85 分
优	平均成绩≥85 分

5.8.2　案例操作步骤

打开"职工计算机成绩单.xlsx"文件，进行下列操作。

1. 删除姓名中的汉语拼音字母

（1）在"成绩单"工作表的 N3 单元格中输入公式"=LEFT(C3,LENB(C3)-LEN(C3))"，按 Enter 键确认输入，双击该单元格右下角的填充柄向下填充到 N336 单元格，如图 5-37 所示。在此表达式中，LEN 函数是返回文本字符串中的字符个数，LENB 函数是返回文本字符串中用于代表字符的字节数。

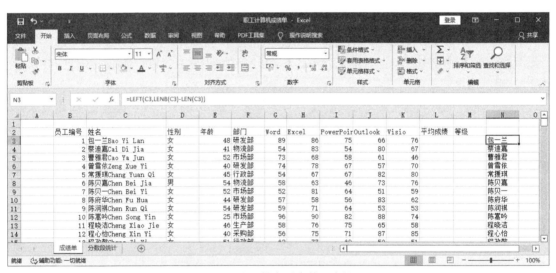

图 5-37　取出姓名列中的汉字姓名

（2）选中 N3:N336 单元格区域并右击，在弹出的快捷菜单中选择"复制"命令，再右击 C3 单元格，在弹出的快捷菜单中选择"粘贴选项"的"值"按钮。

（3）删除 N3:N336 单元格区域中的数据。

2. 计算每个人的平均成绩

（1）单击"成绩单"工作表的 L3 单元格。

（2）单击"开始"选项卡"编辑"组中的"求和"下拉按钮，选择下拉菜单中的"平均值"命令，如图 5-38 所示，按 Enter 键确认输入。

图 5-38　利用"求和"按钮求平均值

（3）双击该单元格右下角的填充柄向下填充到 L336 单元格。

3．计算等级

（1）单击"成绩单"工作表的 M3 单元格。

（2）在单元格中输入公式"=IF(OR(G3<60,H3<60,I3<60,J3<60,K3<60),"不合格", IF(L3>=85,"优",IF(L3>=75,"良","及格")))"，按 Enter 键确认输入。

（3）双击该单元格右下角的填充柄向下填充到 M336 单元格。

最后，单击快速访问工具栏中的"保存"按钮保存文件，单击"关闭"按钮关闭文件。

习题 5

一、思考题

1．在 Excel 中，设定与使用"主题"功能是指什么？

2．在 Excel 某列单元格中，快速填充 2015 年至 2017 年每月最后一天日期的最优操作方法是什么？

3．怎样在 Excel 中协同工作？

4．在 Excel 中，怎样显示公式与单元格之间的关系？

5．如果 Excel 单元格值大于 0，则在单元格中显示"已完成"；单元格值小于 0，则在单元格中显示"还未开始"；单元格值等于 0，则在单元格中显示"正在进行中"。其最优的操作方法是什么？

6．公式与函数有什么关系和区别？

二、操作题

1．在"期末成绩.xlsx"文件中完成以下操作：

（1）对工作表"期末成绩"中的数据列表进行格式化操作：将第一列"学号"列设为文本，将所有成绩列设为保留两位小数，设置行高为 20、列宽为 15，改变字体、字号，设置对齐方式，增加适当的边框和底纹使工作表更美观。

（2）将语文、数学、英语三科中不低于 110 分的成绩所在的单元格以一种颜色填充，其他四科中高于 95 分的成绩以另一种字体颜色标出。

2．在"股票.xlsx"文件中完成以下操作：

（1）在 Sheet1 工作表"日期"列的所有单元格中，标注每个报销日期属于星期几，例如日期为"2016 年 1 月 20 日"的单元格应显示为"2016 年 1 月 20 日星期日"。

（2）在 Sheet1 工作表中限制"股票"列仅能输入"A""B""C""D""E"。

3．在"学生基本情况表.xlsx"文件中完成以下操作：

（1）将 Sheet2 工作表重命名为"学生情况"，将 Sheet3 重命名为"成绩表"。

（2）在"学生情况"表"学号"列左侧插入一个空列，输入列标题为"序号"，并以 001、002、003、……的方式向下填充至该列到最后一个数据行。

（3）将"学生情况"工作表标题跨列合并后居中，适当调整字体、加大字号，并改变字体颜色；适当加大数据表行高和列宽，设置对齐方式及奖学金数据列的数值格式（保留两位小数），并为数据区域增加边框线。

4．在"习题 4.xlsx"文件中完成以下操作：

（1）将"学号对照"工作表中的 A3:A20 单元格区域定义名称为"学号"。

（2）运用函数填写"第一学期期末成绩"工作表中 B 列姓名和 C 列班级，要求在公式中通过 VLOOKUP 函数自动在"学号对照"工作表中查找相关学号的姓名和班级。

（3）运用函数求 K 列总分和 L 列平均分的值。

5．在"习题 5.xlsx"文件中完成以下操作：

（1）将 Sheet1 工作表的 A1:F1 单元格区域合并为一个单元格，内容水平居中。

（2）利用函数计算"总分"列的内容，按降序次序计算每人的总分排名（利用 RANK 函数）。

6．在"习题 6.xlsx"文件中完成以下操作：

（1）将 Sheet1 工作表的 A1:E1 单元格区域合并为一个单元格，内容水平居中。

（2）在 E4 单元格内计算所有考生的平均分数（利用 AVERAGE 函数，数值型，保留小数后 1 位）。

（3）在 E5 和 E6 单元格内计算笔试人数和上机人数（利用 COUNTIF 函数）。

（4）在 E7 和 E8 单元格内计算笔试的平均分数和上机的平均分数（先利用 SUMIF 函数分别求总分数，数值型，保留小数点后 1 位）。

第6章 Excel 图表操作

为了简洁、直观地表示工作表数据，可以将数据以图形方式显示在工作表中，即使用数据图表表示工作表数据。数据图表比数据本身更易于表达数据之间的关系，更加形象、生动。在 Excel 中，提供了柱形图、折线图、饼图、条形图等多种类型的图表，图表自动表示出工作表中的数值，当修改工作表数据时，数据图表也会被更新。

本章知识要点包括迷你图的类型及基本功能；创建、编辑迷你图的方法；图表的类型及基本作用；创建常用图表的方法；编辑与修饰常用图表的方法。

6.1 迷你图

迷你图是 Microsoft Excel 2010 版本开始就有的一个新功能，它是工作表单元格中的一个微型图表，可提供数据的直观表示。使用迷你图可以显示一系列数值的趋势。如季节性增加或减少、经济周期，或者可以突出显示最大值和最小值。

6.1.1 创建迷你图

在"插入"选项卡中，单击"迷你图"组中要创建的迷你图的类型："折线""柱形"或"盈亏"，如图 6-1 所示。打开"创建迷你图"对话框，如图 6-2 所示，选择数据范围，设定放置迷你图的位置，单击"确定"按钮，即可完成迷你图的插入。

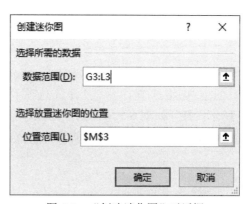

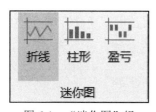

图 6-1　"迷你图"组　　　　　图 6-2　"创建迷你图"对话框

完成第一个迷你图的插入后，利用填充柄可以完成后续数据的迷你图的插入。例如，要求给出某个班级学生某一门课程三个学期的成绩趋势,插入迷你折线图后的效果如图 6-3 所示。

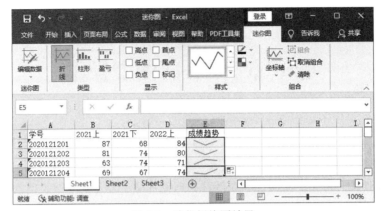

图 6-3　迷你折线图效果

6.1.2　编辑迷你图

创建迷你图后，如果需要向迷你图添加文本、改变迷你图的类型等，可以通过"迷你图工具"选项卡，对迷你图进行编辑。

1. 向迷你图添加文本

由于迷你图是以背景方式插入到单元格中的，所以当需要向迷你图添加文本时，可以直接在单元格中键入文本，并可以按单元格的格式化方式对文本及单元格进行格式化设置。

2. 改变迷你图的类型

单击迷你图，在窗口功能区将会出现"迷你图工具"选项卡。打开"迷你图工具/迷你图"上下文选项卡，单击"组合"组中的"取消组合"按钮，将待修改的迷你图从图组中分离出来。单击"类型"组中的图表类型，即可改变选中迷你图的类型。

3. 显示或隐藏数据标记

在使用折线样式的迷你图上，可以显示数据标记以便突出显示各个值。打开"迷你图工具/迷你图"上下文选项卡，单击"显示"组中的"标记"复选框，可突出显示数据的所有标记；也可单击选择某一类标记显示。如需隐藏数据标记，取消勾选"显示"组中的任一选项即可。

4. 处理空单元格或零值

打开"迷你图工具/迷你图"上下文选项卡，单击"迷你图"组中的"编辑数据"按钮，如图 6-4 所示。打开如图 6-5 所示的"隐藏和空单元格设置"对话框，通过该对话框中的选项可控制迷你图如何处理数据区域中的空单元格。

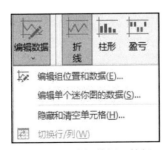

图 6-4　"编辑数据"按钮

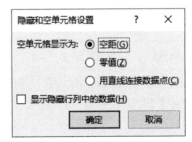

图 6-5　"隐藏和空单元格设置"对话框

5. 清除迷你图

单击待删除的迷你图，打开"迷你图工具/迷你图"上下文选项卡，单击"组合"组中的"清除"按钮，即可清除迷你图。

6.2　图表的创建

图表用于以图形形式显示数值数据系列，使用户更容易理解大量数据以及不同数据系列之间的关系。

6.2.1　图表的类型

Excel 支持多种类型的图表，如图 6-6 所示。通过图表可以更直观地显示数据。创建图表或更改现有图表时，可以从各种图表类型及其子类型中进行选择。

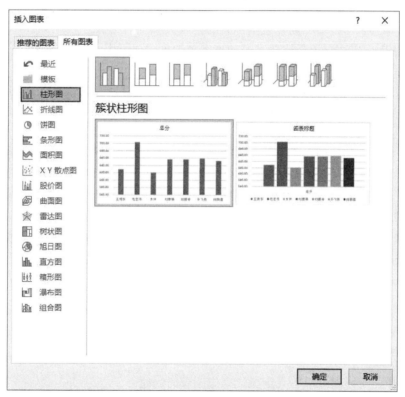

图 6-6　"插入图表"对话框

（1）柱形图。柱形图用于显示一段时间内的数据变化或说明各项之间的比较情况。在柱形图中，通常沿横坐标轴组织类别，沿纵坐标轴组织值。适用场合是二维数据集（每个数据点包括两个值，即 x 和 y），但只有一个维度需要比较的情况。

（2）折线图。折线图可以显示随时间而变化的连续数据，因此非常适用于显示在相等时间间隔下数据的变化趋势。折线图中，类别数据沿水平轴均匀分布，所有的值数据沿垂直轴均匀分布。

（3）饼图。饼图显示一个数据系列中各项的大小与各项总和的比例。先将某个数据系列中的单独数据转为数据系列总和的百分比，然后按照百分比绘制在一个圆形上，数据点之间用不同的图案填充。

（4）条形图。条形图显示各项之间的比较情况。

（5）面积图。面积图强调数量随时间而变化的程度，可用于引起对总值趋势的注意。通过显示所绘制的值的总和，面积图还可以显示部分与整体的关系。

（6）XY 散点图。散点图显示若干数据系列中各数值之间的关系，或者将两组数字绘制为 xy 坐标的一个系列。散点图有两个数值轴，沿横坐标轴（x 轴）方向显示一组数值数据，沿纵坐标轴（y 轴）方向显示另一组数值数据。散点图将这些数值合并到单一数据点并按不均匀的间隔或簇来显示它们。散点图通常用于显示和比较成对的数据，例如科学数据、统计数据和工程数据。

（7）股价图。股价图通常用来显示股价的波动，也可用于科学数据。

（8）曲面图。曲面图显示的是连接一组数据点的三维曲面。就像在地形图中一样，在曲面图中颜色和图案表示处于相同数值范围内的区域。

（9）雷达图。雷达图用于比较几个数据系列的聚合值，用于显示独立数据系列之间及某个特定系列与其他系列的整体关系。

（10）树状图。树状图用于比较分类的不同级别，适合比较层次结构内的比例，实现层次结构可视化的图表结构，以便用户轻松地发现不同系列之间、不同数据之间的大小关系。没有子类型。

（11）旭日图。旭日图用于显示分层数据，可以在层次结构中存在空单元格时进行绘制，主要用于展示数据之间的层级和占比关系，从环形内向外，层级逐渐细分。没有子类型。

（12）直方图。直方图用于描绘测量值与平均值变化程度的一种条形图类型。

（13）箱形图。箱形图用于显示一组数据分散情况的统计图。

（14）瀑布图。瀑布图采用绝对值与相对值结合的方式，适用于表达数个特定数值之间的数量变化关系。

（15）组合图。组合图是在一个图表中应用了多种图表类型的元素来同时展示多组数据。组合图不仅可以使得图表类型更加丰富，还可以更好地区别不同的数据，并强调不同数据关注的侧重点。

6.2.2　创建图表

在 Excel 中，可以通过以下几步操作完成图表的创建。

（1）选择数据源。数据源指用于生成图表的数据对象，可以是一块连续或非连续的单元格区域内的数据。

（2）单击"插入"选项卡"图表"组右下角的"推荐的图表"对话框启动器按钮，在打开的"插入图表"对话框中单击需要插入的图表类型即可插入图表，如图 6-6 所示。也可在"图表"组中直接单击某一图表类别，选择要插入的图表类型。

创建图表后，默认情况下图表作为一个嵌入对象插入工作表中，也可以通过改变图表的位置把图表作为一个单独的工作表插入。

6.3　图表的编辑与修饰

图表中包含许多元素。在 Excel 中插入图表后，用户可以通过对各个图表元素进行格式编辑，使图表呈现出更清晰的数据关系。

6.3.1　图表的元素

1. 图表区
表示整个图表及其全部元素。

2. 绘图区
指通过轴来界定的区域。在二维图表中，包括所有数据系列；在三维图表中，包括所有数据系列、分类名、刻度线标志和坐标轴标题。

3. 数据系列和数据点
（1）数据系列：在图表中绘制的相关数据点，这些数据源自数据表的行或列。图表中的每个数据系列具有唯一的颜色或图案并且在图表的图例中表示。可以在图表中绘制一个或多个数据系列。
（2）数据点：在图表中绘制的单个值，这些值由条形、柱形、折线、饼图的扇面、圆点和其他被称为数据标记的图形表示。相同颜色的数据标记组成一个数据系列。

4. 横（分类）和纵（值）坐标轴
坐标轴是界定图表绘图区的线条，用作度量的参照框架。y 轴通常为垂直坐标轴并包含数据。x 轴通常为水平轴并包含分类。数据沿着横坐标轴和纵坐标轴绘制在图表中。

5. 图例
图例是一个方框，用于标识图表中的数据系列或分类指定的图案或颜色。

6. 图表标题
说明性的文本，由用户自己定义，可以自动与坐标轴对齐或在图表顶部居中。

7. 数据标签
可以用来标识数据系列中数据点的详细信息，是为数据标记提供附加信息的标签。数据标签代表源于数据表单元格的单个数据点或值。
说明：默认情况下图表中会显示其中一部分元素，其他元素可以根据需要添加。

6.3.2　图表的编辑

在 Excel 中插入图表后，在功能区将会显示"图表工具"选项卡，通过"图表工具/图表设计""图表工具/格式"上下文选项卡中的按钮，用户可以方便地调整各个图表元素的格式，达到更好的呈现效果。

1. 更改图表的布局和样式
Excel 中提供了大量预定义布局和样式，帮助用户快速更改图表的布局和样式。
单击图表区，打开"图表工具/图表设计"上下文选项卡，单击"图表布局"组列表框中的"快速布局"下拉按钮，可将下拉列表中选定的图表布局应用到图表。如果需改变图表样式，则单击"图表样式"组列表框中的样式选项。

2. 添加、删除标题或数据标签

插入图表后，可以给图表添加一个标题，表明图表所展现的大致内容。

（1）添加图表标题。默认情况下，在图表区上方居中位置会显示"图表标题"，如图 6-7 所示，单击该"图表标题"可对标题进行修改。

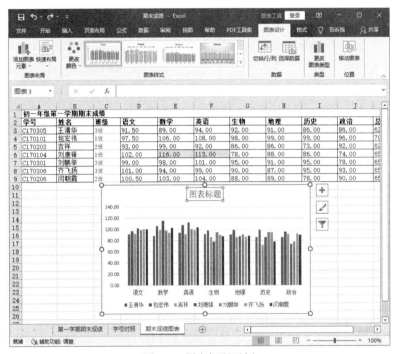

图 6-7　图表标题示例

如果在图表区没有显示"图表标题"，则单击图表区，单击"图表布局"组中的"添加图表元素"下拉按钮，选择下拉列表中的"图表标题"，在下级菜单中单击标题显示位置"图表上方"或"居中覆盖"等，如图 6-8 所示，均可显示"图表标题"。

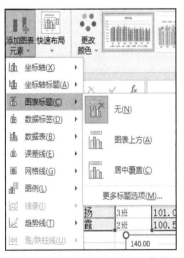

图 6-8　"图表标题"下级菜单

（2）删除图表标题。单击"图表标题"边框选中图标标题，然后按 Delete 键；或在图 6-8 所示的下级菜单中单击"无"选项，均可以删除图表标题。

说明： 给坐标轴添加标题，操作与添加图表标题类似，单击"图表布局"组中的"添加图表元素"下拉按钮，选择下拉列表中的"坐标轴标题"，在下级菜单中进行设置。

（3）添加数据标签。要给图表添加数据标签，先需选定待添加数据标签的数据系列。这里需注意的是，鼠标单击的位置不同选中的对象不同：单击图表区，选中所有数据系列；单击某一个数据系列，则选中跟这个数据系列相同颜色的所有数据系列。

选中对象后，打开"图表工具/图表设计"上下文选项卡，单击"图表布局"组中的"添加图表元素"下拉按钮，选择下拉列表中的"数据标签"，在如图 6-9 所示的下级菜单中选择数据标签的位置，可插入数据标签。

如需对数据标签进行格式设置，可在如图 6-9 所示的下级菜单中单击"其他数据标签选项"选项，打开"设置数据标签格式"任务窗格，如图 6-10 所示，可在该窗格中对数据标签格式进行设置。

图 6-9　"数据标签"下级菜单

图 6-10　"设置数据标签格式"任务窗格

3. 显示或隐藏图例

单击图表区，打开"图表工具/图表设计"上下文选项卡，单击"图表布局"组中的"添加图表元素"下拉按钮，选择下拉列表中"图例"，在下级菜单中选择添加图例的位置。如需隐藏图例，则单击"无"选项；要对图例进行格式设置，则单击"更多图例选项"选项，在"设置图例格式"任务窗格中进行设置。

说明： 当图表显示图例时，可以通过编辑工作表上的相应数据来修改各个图例项。

4. 显示或隐藏坐标轴或网格线

（1）显示或隐藏坐标轴。单击图表区，打开"图表工具/图表设计"上下文选项卡，单击"图表布局"组中的"添加图表元素"下拉按钮，选择下拉列表中"坐标轴"命令，在下级菜单中可选择添加坐标轴的位置。如需隐藏坐标轴，则单击相应的选项，取消选中状态。要对坐标轴进行格式设置，则单击"更多轴选项"选项，在"设置坐标轴格式"任务窗格中进行设置。

例如，要求设置纵坐标的刻度范围为[0,100]，刻度单位为 5。则单击"更多轴选项"选项，打开"设置坐标轴格式"任务窗格。单击"坐标轴选项"选项按钮▉，设置如图 6-11 所示。

（2）显示或隐藏网格线。单击图表区，打开"图表工具/图表设计"上下文选项卡，单击"图表布局"组中的"添加图表元素"下拉按钮，选择下拉列表中"网格线"命令，在下级菜单中选择添加网格线的类型。如需隐藏网格线，则单击相应选项。要对网格线进行格式设置，则单击"更多网格线选项"选项，在如图 6-12 所示"设置主要网格线格式"任务窗格中进行设置。

图 6-11　"设置坐标轴格式"任务窗格

图 6-12　"设置主要网格线格式"任务窗格

6.4　应用案例——图表操作

在处理学生成绩表时，除了设置各种格式、利用函数进行各种计算外，还需要把成绩表中的数据用图表的形式直观地表示出来。

6.4.1　案例描述

小刘是一所初中的学生处负责人，负责本院学生的成绩管理。他通过 Excel 来管理学生成绩，现在第一学期期末考试刚刚结束，小刘将初一年级 3 个班级的部分学生成绩录入了文件名为"第一学期期末成绩.xlsx"的 Excel 工作簿文档中。

请根据下列要求帮助小刘同学对该成绩单进行整理和分析：

（1）请对"第一学期期末成绩"工作表进行格式调整，通过套用表格格式的方法将所有的成绩记录调整为统一的外观格式，并对该工作表"第一学期期末成绩"中的数据进行格式化操作：将第一列"学号"列设为文本，将所有成绩列设为保留两位小数的数值，设置对齐方式，增加适当的边框和底纹以使工作表更加美观。

（2）利用"条件格式"功能进行下列设置：将语文、数学、外语 3 科中不低于 110 分的成绩所在的单元格以一种颜色填充，所用颜色深浅以不遮挡数据为宜。

（3）利用 SUM 和 AVERAGE 函数计算每一个学生的总分及平均成绩。

（4）学号第 4、5 位代表学生所在的班级，例如"C210101"代表 21 级 1 班，详见表 6-1。请通过函数提取每个学生所在的专业并按下列对应关系填写所在"班级"。

表 6-1　学号与对应班级表

"学号"的 4、5 位	对应班级
01	1 班
02	2 班
03	3 班

（5）根据学号，请在"第一学期期末成绩"工作表的"姓名"列中，使用 VLOOKUP 函数完成姓名的自动填充。"姓名"和"学号"的对应关系在"学号对照"工作表中。

（6）以"姓名"和"总分"列为数据源创建一个簇状柱形图，对每个学生的总分进行比较。

6.4.2　案例操作步骤

1. 对"第一学期期末成绩"工作表进行格式调整

（1）打开"第一学期期末成绩.xlsx"文件。

（2）在"第一学期期末成绩"工作表中选中 A2:L20 区域，单击"开始"选项卡"样式"组中的"套用表格格式"下拉按钮，在如图 6-13 所示的下拉列表中选择一种表样式，打开如图 6-14 所示的"创建表"对话框，单击"确定"按钮。

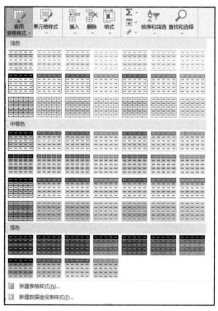

图 6-13　"套用表格格式"下拉列表

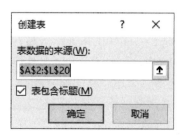

图 6-14　"创建表"对话框

（3）选中"学号"列并右击，在弹出的快捷菜单中选择"设置单元格格式"命令，弹出"设置单元格格式"对话框，切换至"数字"选项卡，在"分类"组中选择"文本"，单击"确定"按钮。

（4）选中所有成绩列（D2:L20)并右击，在弹出的快捷菜单中选择"设置单元格格式"命令，弹出"设置单元格格式"对话框，切换至"数字"选项卡，在"分类"组中选择"数值"，在"小数位数"微调框中设置小数位数为"2"，单击"确定"按钮。

（5）选中所有文字内容单元格，单击"开始"选项卡"对齐方式"组中的"居中"按钮。

（6）选中 A2:L20 单元格区域并右击，在弹出的快捷菜单中选择"设置单元格格式"命令，弹出"设置单元格格式"对话框。切换至"边框"选项卡，在"预置"区域中选择"外边框"和"内部"选项，如图 6-15 所示。再切换至"填充"选项卡，在"背景色"组中选择一种颜色，设置完毕后单击"确定"按钮。

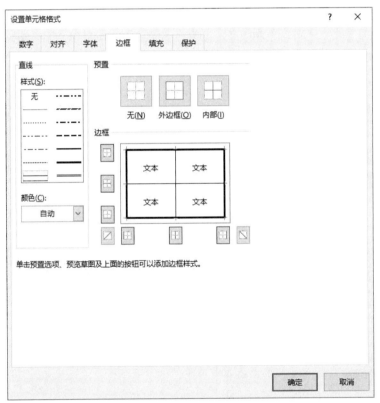

图 6-15　"设置单元格格式"对话框"边框"选项卡

2. 条件格式设置

（1）选中 D3:F20 单元格区域，单击"开始"选项卡"样式"组中的"条件格式"下拉按钮，打开如图 6-16 所示的"条件格式"下拉列表，选择"突出显示单元格规则"中的"其他规则"命令，弹出"新建格式规则"对话框。

（2）在"新建格式规则"对话框中进行设置：在"选择规则类型"中选择"只为包含以下内容的单元格设置格式"；在"编辑规则说明"下方的 3 个框中分别选择"单元格值""大于或等于""110"。

（3）单击"格式"按钮，打开"设置单元格格式"对话框，在"填充"选项卡中选择一种填充颜色。单击"确定"按钮返回到"新建格式规则"对话框中，如图 6-17 所示，单击"确定"按钮退出对话框。

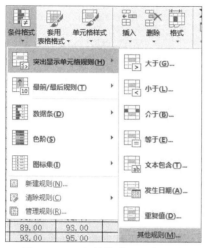

图 6-16　"条件格式"下拉列表

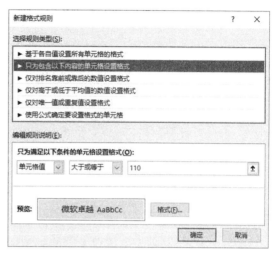

图 6-17　"新建格式规则"对话框

3. 函数使用

（1）在 K3 单元格中输入"=SUM(D3:J3)"，按 Enter 键后该单元格值为"629.50"，双击 K3 右下角的填充柄完成"总分"列的填充。

（2）在 L3 单元格中输入"=AVERAGE(D3:J3)"，按 Enter 键后该单元格值为"89.93"，双击 L3 右下角的填充柄完成"平均分"的填充。效果如图 6-18 所示。

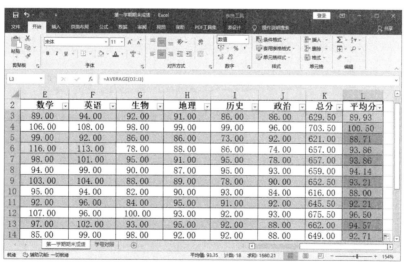

图 6-18　"总分"和"平均分"计算结果

4. 通过学号求出所在的班级

在 C3 单元格中输入公式"=MID(A3,5,1)&"班""，按 Enter 键后该单元格值为"3 班"，双击 C3 右下角的填充柄完成班级的填充，如图 6-19 所示。

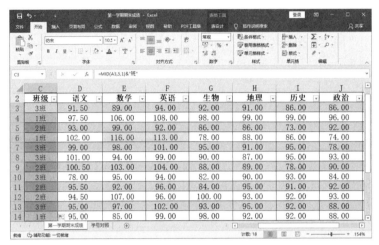

图 6-19　根据"学号"求"班级"结果

5. VLOOKUP 函数使用

（1）选择 B3 单元格，单击编辑栏中"插入函数"按钮 *fx*，弹出"插入函数"对话框，在"选择函数"下拉列表中找到 VLOOKUP 函数，单击"确定"按钮，弹出"函数参数"对话框。

（2）在第 1 个参数框中用鼠标选择"A3"，第 2 个参数框中选择"学号对照"工作表中的 A3:B20 数据区域，第 3 个参数框中输入"2"，第 4 个参数框中输入"FALSE"或者"0"，如图 6-20 所示，单击"确定"按钮。

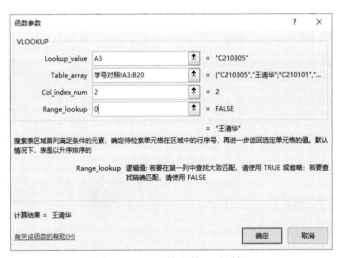

图 6-20　"函数参数"对话框

（3）双击 B3 单元格右下角的填充柄完成姓名的自动填充。

6. 插入图表操作

选中 B3:B20 和 K3:K20 数据区域，单击"插入"选项卡"图表"组中的"插入柱形图或条形图"下拉按钮，在下拉列表中选择"二维柱形图"组中的"簇状柱形图"图表样式，此时会在当前工作表中生成一个图表，设置"图表标题"为"总分"，适当调整图表的大小和位置，如图 6-21 所示。

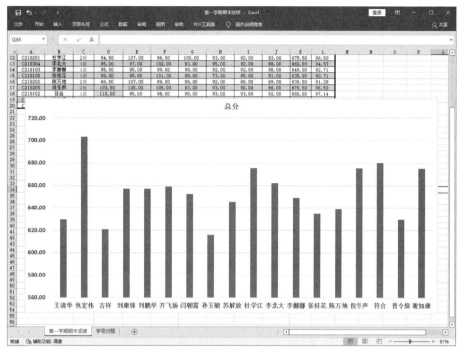

图 6-21　数据图表

单击快速访问工具栏中的"保存"按钮，完成"第一学期期末成绩"工作表的保存。

习题 6

一、思考题

1. 与普通图表相比，迷你图有什么特点?

2. 图表中有哪些图表元素?

3. 工作表中已经插入了图表，但在功能区却没有显示"图表工具"选项卡，这是为什么?

二、操作题

1. 在"习题 1.xlsx"文件中完成以下操作:

（1）将下列数据建成一个数据表（存放在 A1:E5 的区域内），并求出"上升案例数"（保留小数点后两位），其计算公式是:上升案例数=去年案例数×上升比率,其数据表保存在 Sheet1 工作表中。

序号	地区	去年案例数	上升比率	上升案例数
1	A 地区	2400	1.00%	
2	B 地区	5300	0.50%	
3	C 地区	8007	2.00%	
4	D 地区	3400	2.10%	

（2）对建立的数据表选择"地区""上升案例数"两列数据建立"分离型三维饼图"，系

列产生在"列"，图表标题为"地区案例上升情况调查图"，并将其嵌入到工作表的 A7:E17 区域中。

（3）将工作表 Sheet1 更名为"案例调查表"。

2．事务所的统计员小赵需要对本所外汇报告的完成情况进行统计分析，并据此计算员工奖金。按照下列要求帮助小赵完成相关的统计工作并对结果进行保存：

（1）在"习题2"文件夹下，将"Excel 素材 1.xlsx"文件另存为"Excel.xlsx"（".xlsx"为文件扩展名），除特殊指定外后续操作均基于此文件。

（2）将文档中以每位员工姓名命名的 5 个工作表内容合并到一个名为"全部统计结果"的新工作表中，合并结果自 A2 单元格开始，保持 A2～G2 单元格中的列标题依次为报告文号、客户简称、报告收费（元）、报告修改次数、是否填报、是否审核、是否通知客户，然后将其他 5 个工作表隐藏。

（3）在"客户简称"和"报告收费（元）"两列之间插入一个新列，列标题为"责任人"，限定该列中的内容只能是员工姓名高小丹、刘君赢、王铬争、石明砚、杨晓柯中的一个，并提供输入用下拉箭头，然后根据原始工作表名依次输入每个报告所对应的员工责任人姓名。

（4）利用条件格式"浅红色填充"标记重复的报告文号，按"报告文号"升序、"客户简称"笔划降序排列数据区域。将重复的报告文号后依次增加(1)、(2)格式的序号进行区分（使用西文括号，如 13(1)）。

（5）在数据区域的最右侧增加"完成情况"列，在该列中按以下规则运用公式和函数填写统计结果：当左侧 3 项"是否填报""是否审核""是否通知客户"全部为"是"时显示"完成"，否则为"未完成"，将所有"未完成"的单元格以标准红色突出显示。

（6）在"完成情况"列的右侧增加"报告奖金"列，按照下表要求对每个报告的员工奖金数进行统计计算（以元为单位）。另外当完成情况为"完成"时，每个报告多加 30 元的奖金，未完成时没有额外奖金。

报告收费金额（元）	奖金（元）
小于等于 1000	100
大于 1000 小于等于 2800	报告收费金额的 8%
大于 2800	报告收费金额的 10%

（7）适当调整数据区域的数字格式、对齐方式、行高和列宽等格式，并为其套用一个恰当的表格样式，最后设置表格中仅"完成情况"和"报告奖金"两列数据不能被修改，密码为空。

（8）打开工作簿"Excel 素材 2.xlsx"，将其中的工作表 Sheet1 移动或复制到工作簿 Excel.xlsx 的最右侧。将 Excel.xlsx 中的 Sheet1 重命名为"员工个人情况统计"，并将其工作表标签颜色设为标准紫色。

（9）在工作表"员工个人情况统计"中，对每位员工的报告完成情况及奖金数进行计算统计并依次填入相应的单元格。

（10）在工作表"员工个人情况统计"中，生成一个三维饼图统计全部报告的修改情况，显示不同修改次数（0、1、2、3、4 次）的报告数所占的比例，并在图表中标示保留两位小数的比例值。图表放置在数据源的下方。

第 7 章　Excel 数据分析与管理

Excel 提供了强大的数据分析与管理功能，可以实现对数据的排序、分类汇总、筛选等操作，帮助用户有效地组织与管理数据。本章所介绍的各项操作，要求在数据清单中避免空行或空列；避免在单元格的开头或末尾键入空格；避免在一个工作表中建立多个数据清单；数据清单和工作表的其他数据之间至少留出一个空列和空行；关键数据置于数据清单的顶部或底部。

本章知识要点包括数据排序与筛选的方法；数据分类汇总的方法；数据合并计算的方法；建立数据透视表和数据透视图的方法；对数据的模拟运算。

7.1　数据的排序与筛选

数据清单是指工作表中包含一行列标题和多行数据，且同列数据的类型和格式完全相同的数据区域。对数据进行排序和筛选是数据分析不可缺少的组成部分。例如，用户可能需要执行以下操作：将名称列表按字母顺序排列；按从高到低的顺序编制产品存货水平列表；筛选数据仅查看某一组或几组指定的值；快速查看重复值等。

7.1.1　排序数据

对数据进行排序有助于快速直观地显示数据并更好地理解数据，有助于组织并查找所需要的数据，有助于最终做出更有效的决策。

1. 单一关键字排序

选择工作表数据清单中作为排序关键字的那一列数据，或者使活动单元格位于排序关键字表列中。单击"数据"选项卡"排序和筛选"组中的"升序" $\frac{A}{Z}\downarrow$ 或"降序" $\frac{Z}{A}\downarrow$ 按钮，数据清单将会按所选列数据值的升序或降序排列。

如果需要按所选列数据的颜色或图标排序，则单击"数据"选项卡"排序和筛选"组中的"排序"按钮，打开如图 7-1 所示的"排序"对话框，在"排序依据"下拉列表中选择排序依据，单击"确定"按钮排序。当需要对排序条件进一步设置时，可单击"选项"按钮，在"排序选项"对话框中设置，如图 7-2 所示。

图 7-1　"排序"对话框

图 7-2　"排序选项"对话框

说明：排序的数据类型不同，排序的依据也会不同。对文本进行排序，将按数据值的字母顺序排列；对数值进行排序，将按数据值大小排列；对日期或时间进行排序，将按数据日期先后排列。值得注意的是，如果要排序的列中包含的数字既有作为数字存储的，又有作为文本存储的，则作为数字存储的数字将排在作为文本存储的数字之前。对日期或时间排序，需确保数据均存储为日期时间格式。

2. 多关键字排序

在一般的数据处理中，更多的情况是需要按多个关键字对数据进行排序。这时，可在图 7-1 所示的"排序"对话框中单击"添加条件"按钮，添加次要关键字增加排序条件。

在多关键字排序中，数据清单将按如下顺序排序：

（1）首先按主要关键字的设定顺序排序。

（2）主要关键字值相同的数据，按第一次要关键字设定顺序排序。

（3）第一次要关键字值仍然相同的数据，按第二次要关键字设定顺序排序，依次类推。

3. 按自定义序列排序

在工作表中，数据除了可以按照升序或降序排列，Excel 还允许按用户定义的顺序进行排序。在图 7-3 所示的对话框中，单击"次序"下拉列表中的"自定义序列"命令，打开"自定义序列"对话框选择一个序列。数据将按选中的序列顺序排序。需要注意的是，自定义序列需要预先定义好，且只能基于值（文本、数字、日期或时间）创建自定义序列，不能基于格式（单元格颜色、字体颜色、图标）创建自定义序列。

图 7-3　创建自定义序列次序

7.1.2　筛选数据

使用自动筛选来筛选数据，可以快速而又方便地查找和使用单元格区域或表中数据的子集。如果要筛选的数据需要复杂条件，则可以使用高级筛选。

1. 自动筛选

使用自动筛选可以创建三种筛选类型：按值列表、按格式、按条件。这里的条件是指限制查询或筛选的结果集中包含哪些数据的条件。对于每个单元格区域或列表来说，这三种筛选类型是互斥的。按如下操作方式可进行自动筛选。

首先在数据清单的任一位置单击，该操作是为了保证活动单元格放置在数据清单中。然后单击"数据"选项卡"排序和筛选"组中的"筛选"按钮，这时在数据清单每一列的第一行会出现一个下拉按钮▾。单击筛选条件值所在数据列上的下拉按钮，如要求显示某成绩表中某门课的成绩在 60 分至 90 分之间的数据，则单击该学期成绩所在数据列上的筛选按钮。打开如图 7-4 所示的下拉列表。这时，如果仅需要显示跟某个值相关的数据，则可在最下方的列表框中直接勾选相应的数据值。如果需要设定筛选条件，则单击"数字筛选"（如果数据列的值为文本，则显示"文本筛选"）选项，在下拉列表中单击相应的条件或"自定义筛选"命令，打开如图 7-5 所示的"自定义自动筛选"对话框设置筛选条件。

图 7-4　设置自动筛选

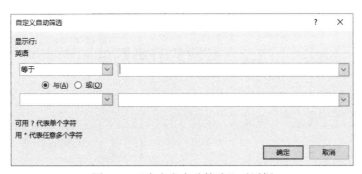

图 7-5　"自定义自动筛选"对话框

2. 高级筛选

如果要筛选的数据需要复杂条件时，如在某成绩表中查找语文成绩在 90 分以上或数学成绩在 90 分以上的数据，可使用高级筛选。

单击"数据"选项卡"排序和筛选"组中的"高级"按钮，打开如图 7-6 所示的"高级筛选"对话框。在该对话框中使用"列表区域"的数据选取按钮可选择要筛选的数据区域，使用"条件区域"中的数据选取按钮可选择高级筛选条件。

需要注意的是，进行高级筛选的数据清单应有列标题，且在进行高级筛选之前需要先创建高级筛选条件。高级筛选条件的书写规则如下：

条件区域的第一行写列标题。该列需要满足的条件跟列标题写在同一列；需要同时满足的条件写在条件区域的同一行，不需要同时满足的条件写在条件区域的不同行。如图 7-7 中所示条件，表示语文成绩大于或等于 90 分或数学成绩大于或等于 90 分。

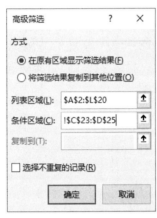

图 7-6　"高级筛选"对话框　　　　　　图 7-7　高级筛选条件

3．清除筛选

对单元格区域或表中的数据进行筛选后，可以重新应用筛选以获得最新的结果，或者清除筛选以重新显示所有数据。

当需要清除筛选结果时，单击"数据"选项卡"排序和筛选"组中的"清除"按钮，即可清除筛选，显示所有数据。

说明：筛选过的数据仅显示那些满足指定条件的行，并隐藏那些不希望显示的行。筛选数据之后，对于筛选过的数据的子集，不需要重新排列或移动就可以复制、查找、编辑、设置格式、制作图表和打印。

7.2　数据的分类汇总

分类汇总是将数据清单中的数据先按一定的标准分组，然后对同组的数据应用分类汇总功能得到相应行的统计或计算结果。

7.2.1　创建分类汇总

在 Excel 中，可以使用分类汇总命令快速创建分类汇总。需要注意的是，在创建分类汇总之前，数据清单应该已经以分类项作为主要关键字进行了排序。

1．创建分类汇总

分类汇总是指对相同类别的数据进行统计汇总。分类汇总必须在数据已排序的基础上进行。如对"职员登记表"中的不同部门的工资求平均值，具体方法如下：

（1）对所需进行分类汇总的数据排序。本题中先对工作表按照"部门"降序。

（2）单击数据清单中的任意一个单元格。

（3）单击"数据"选项卡"分级显示"组中的"分类汇总"按钮，打开"分类汇总"对话框，根据需要设置"分类字段""汇总方式"等选项，如图 7-8 所示。

（4）单击"确定"按钮，完成操作。

2. 删除分类汇总

在已经创建分类汇总的数据清单中单击任一位置，保证活动单元格放置在数据清单中。单击"数据"选项卡"分级显示"组中的"分类汇总"按钮，在"分类汇总"对话框中单击"全部删除"按钮，即可删除分类汇总。

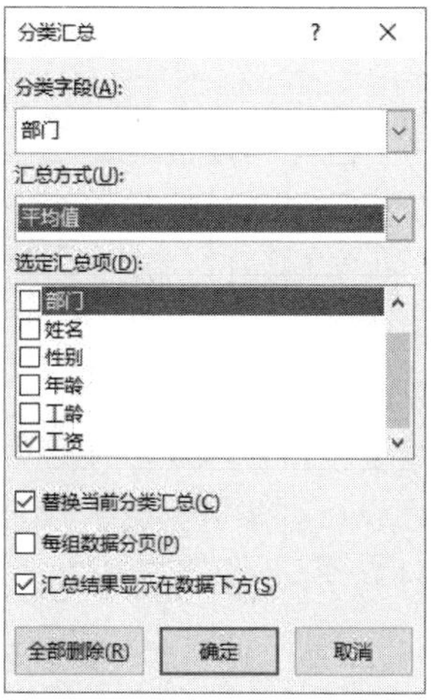

图 7-8 "分类汇总"对话框

7.2.2 分级显示数据

在工作表中，如果数据列表需要进行组合和汇总，则可以创建分级显示。分级最多为八个级别，每组一级。使用分级显示可以快速显示摘要行或摘要列，或每组的明细数据。

1. 创建行的分级显示

在创建分级显示前，要确保要分级显示的每列数据在第一行都具有标签，在每列中都含有相似的内容，并且该区域不包含空白行或空白列。以用作分组依据的数据的列为关键字进行排序。

（1）创建分类汇总分级显示数据。如图 7-9 所示，对工作表数据进行分类汇总后，工作表的最左侧会出现分级显示符号 1 2 3 及显示、隐藏明细数据按钮。

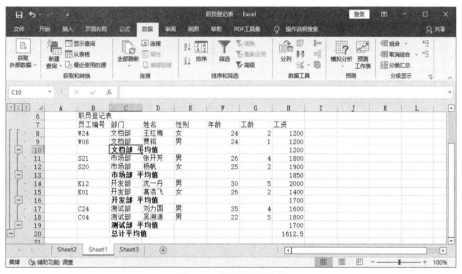

图 7-9 分级显示符号

（2）通过创建组分级显示数据。在工作表中除了通过插入分类汇总创建分级显示，也可通过创建组命令创建分级显示。

鼠标选中要创建组的所有行。单击"数据"选项卡"分级显示"组中的"组合"按钮，打开"组合"对话框，如图 7-10 所示，单击"确定"按钮，即可将选中行创建为一个组。以同样的方式创建其他组，数据可实现分级显示。

也可以通过对数据列创建分组来创建列的分级显示，方法与创建行的分级显示类似，只是在选定数据时需要选中数据列而不是数据行。

图 7-10   "组合"对话框

说明：分级显示符号是用于更改分级显示工作表视图的符号。通过单击代表分级显示级别的加号、减号和数字 1、2、3 或 4，可以显示或隐藏明细数据。明细数据是指在自动分类汇总和工作表分级显示中，由汇总数据汇总或分组的数据行或列。

2．显示或隐藏明细数据

已经建立了分组的数据，可以单击"分级显示"组中的"显示明细数据"或"隐藏明细数据"按钮显示或隐藏分组数据。需要注意的是，在显示或隐藏分组数据前，需确保活动单元格在要显示或隐藏的组中。

也可通过单击每组数据前的 ➕ 或 ➖ 按钮显示或隐藏数据。

3．删除分级显示

单击鼠标使活动单元格位于分组数据中，再单击"数据"选项卡"分级显示"组中的"取消组合"按钮，在下拉列表中单击"清除分级显示"命令，即可删除分级显示。

7.3   数据的合并计算与数据透视表

在 Excel 中，若要汇总和报告多个单独工作表中数据的结果，可以使用合并计算操作将每个单独工作表中的数据合并到一个工作表（或主工作表）中。数据透视表是一种可以快速汇总大量数据的交互式方法，若要对多种来源（包括 Excel 的外部数据）的数据进行汇总和分析，则可以使用数据透视表。

7.3.1   数据的合并计算

合并计算

在一个工作表中对数据进行合并计算，可以更加轻松地对数据进行定期或不定期的更新和汇总。

单击"数据"选项卡"数据工具"组中的"合并计算"按钮，如图 7-11 所示。打开"合并计算"对话框，在该对话框中单击"函数"项的下拉按钮，可以选择合并计算的方式（如求和、计数、求平均值等）；单击"引用位置"项的选择按钮 ⬆，则可以拖动鼠标选择要进行合并计算的数据；单击"添加"按钮，可以将前面选中的数据添加到"所有引用位置"列表框中，如图 7-12 所示。所有合并数据选择完毕后，单击"确定"按钮完成合并计算。

在数据的合并计算中，所合并的工作表可以与主工作表位于同一工作簿中，也可以位于其他工作簿中。

图 7-11　"数据工具"组　　　　　　图 7-12　"合并计算"对话框

7.3.2　数据透视表与数据透视图的使用

1. 数据透视表

数据透视表是一种交互的、交叉制表的 Excel 报表，对于汇总、分析、
浏览和呈现汇总数据非常有用。使用数据透视表可以深入分析数值数据，并且可以回答一些
预料不到的数据问题。

数据透视表

（1）创建数据透视表。单击"插入"选项卡"表格"组中的"数据透视表"按钮，如图
7-13 所示，在下拉列表中单击"表格和区域"命令。打开"来自表格或区域的数据透视表"
对话框，如图 7-14 所示。在"表/区域"输入框中输入或选择数据区域；在"选择放置数据透
视表的位置"区域选择数据透视表是以一个新的工作表插入，还是插入到现有工作表中（如果
是插入到现有工作表中，需要输入或选择插入的位置）。单击"确定"按钮，打开如图 7-15 所
示界面，进行数据透视表布局。在"选择要添加到报表的字段"列表框中选择要布局的字段拖
动到下面"筛选""列""行"及"值"列表框中，确定字段布局的位置或将要进行汇总的方式。
在左边的数据透视表中将同步显示报表的布局变化情况。

图 7-13　"数据透视表"按钮

图 7-14　"来自表格或区域的数据透视表"对话框

图 7-15　创建数据透视表

（2）数据透视表工具。插入数据透视表后，在功能区将会显示"数据透视表工具"选项卡，如图 7-16 所示。

图 7-16　数据透视表工具选项卡部分组

通过"数据透视表工具/数据透视表分析"上下文选项卡中的命令，可对数据透视表的位置、数据源、计算方式等进行更改。

例如，单击"数据"组中的"更改数据源"按钮，可以打开"更改数据透视表数据源"对话框，重新选择数据源；单击"操作"组中的"移动数据透视表"按钮，可以打开"移动数据透视表"对话框，修改数据透视表的插入位置；在"显示"组中单击"字段列表"按钮，可修改数据透视表的布局等。

通过"数据透视表工具/设计"选项卡中的命令，可更改数据透视表的样式等。

2. 创建数据透视图

数据透视图报表提供数据透视表中的数据的图形表示形式。与数据透视表一样，数据透视图报表也是交互式的。

单击鼠标将活动单元格放入到数据透视表中。打开"数据透视表工具/数据透视表分析"

上下文选项卡，单击"工具"组中的"数据透视图"按钮，如图 7-17 所示。打开"插入图表"对话框，选择图表类型，单击"确定"按钮，即可插入数据透视图。

创建数据透视图报表后，相关联的数据透视表中的任何字段的布局或数据更改将同步在数据透视图报表中反映出来。

插入数据透视图后，在功能区将会显示如图 7-18 所示的"数据透视图工具/数据透视图分析""数据透视图工具/设计""数据透视表工具/格式"上下文选项卡下，在其中可以对数据透视图的图表元素进行编辑及修改，编辑方法和普通图表的编辑方法类似。

图 7-17　"数据透视图"按钮

图 7-18　"数据透视图工具"选项卡

3．删除数据透视表

单击鼠标将活动单元格放入到数据透视表中。打开"数据透视表工具/数据透视表分析"上下文选项卡，单击"操作"组中的"选择"按钮，在下拉列表中选择"整个数据表"选项。选中数据透视表后按 Delete 键，即可删除数据透视表。

需要注意的是，删除数据透视表后，与之关联的数据透视图将变为普通图表，从数据源中取值。

如果需要删除数据透视图，则在数据透视图的图表区单击鼠标，再按 Delete 键即可删除。

7.4　模拟分析和预测

模拟分析可为工作表中的公式尝试各种值，显示某些值的变化对公式计算结果的影响。模拟运算使同时求解某一运算中所有可能的变化值的组合成为了现实。

7.4.1　单变量求解

单变量模拟运算主要用来分析当其他因素不变时，一个参数的变化对目标值的影响。当知道需要的结果时，常用单变量求解来寻找合适的输入。

例如，已经知道某商品的成本和价格，现在该商品的销售公司希望该商品每个月的利润总额不少于 50 万元，销售经理想要知道每月至少需要售出多少该商品才能完成盈利目标。则可以在 Excel 中进行如下操作：

先输入原始数据如图 7-19 所示；单击"数据"选项卡"预测"组中的"模拟分析"按钮，在下拉列表中单击"单变量求解"命令，如图 7-20 所示；打开"单变量求解"对话框，如图 7-21 所示，其中"目标单元格"（该单元格中需已填入计算公式）输入框的值为计算每月利润总额的单元格地址，"目标值"输入框中填入值为 50 万元，"可变单元格"输入框中输入销量所在单元格地址，单击"确定"按钮，计算结果如图 7-22 所示。

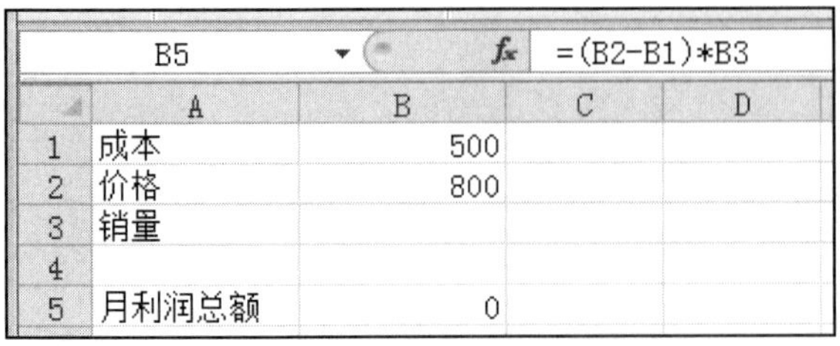

图 7-19　单变量求解原始数据

图 7-20　"模拟分析"按钮

图 7-21　"单变量求解"对话框

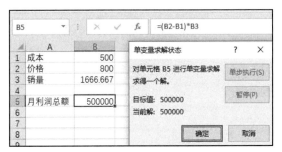

图 7-22　单变量求解结果

7.4.2　模拟运算表

模拟运算表是一个单元格区域，它可显示一个或多个公式中替换不同值时的结果。

例如，已经知道某新商品的成本，现在该商品的销售公司有一个保底的定价和保底的销量要求。但公司想要最大化地促进该商品的销量，以获取较高的市场占有率，也想保证较好的盈利，故现在公司相关部门决策者需要知道不同商品销量和价格组合的每个月的盈利可能值。则可以在 Excel 中进行如下操作：

首先，在工作表中列出可能的价格和销量，如图 7-23 所示。在销量和价格数据相交的单元格输入盈利计算公式，在 B7 单元格中输入"=(B2-B1)*B3"。鼠标拖动选择由该单元格开始的需进行模拟分析运算的单元格区域(B7:F11)。

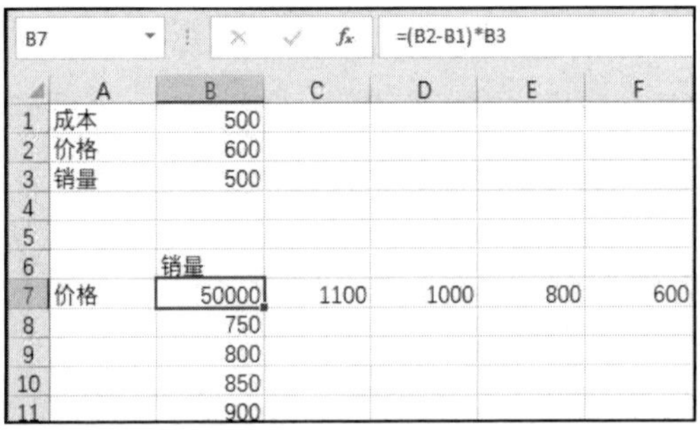

图 7-23　模拟运算表操作数据

单击"数据"选项卡"预测"组中的"模拟分析"按钮，在如图 7-20 所示的下拉列表中单击"模拟运算表"命令。打开"模拟运算表"对话框，如图 7-24 所示，在"输入引用行的单元格"输入框中选择或填入盈利计算公式中销量的单元格地址，在模拟运算中将会用销量行的数据替换该单元格的值；在"输入引用列的单元格"输入框中选择或填入盈利计算公式中价格的单元格地址，在模拟运算中将会用价格列的数据值替换该单元格的值。单击"确定"按钮，结果如图 7-25 所示。

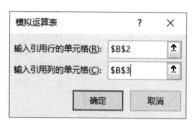

图 7-24　"模拟运算表"对话框

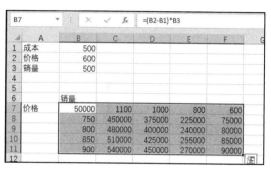

图 7-25　模拟运算结果

说明：使用模拟运算表，可进行单变量或两个变量的模拟运算，如果需要对两个以上的变量进行模拟运算，则需要使用方案管理器。

7.4.3　方案管理器

方案管理器允许每个方案建立一组假设条件，自动产生多种结果，并可以直观地看到每个结果显示的过程。一个方案最多获取 32 个不同的值，但可以创建任意数量的方案。

1. 创建方案

在上一节的示例中，如果除了考虑销量和价格，再考虑控制成本对盈利的影响，则需要设置 3 个变量，此时需要建立方案。

复制 7.4.2 节中的模拟运算表，重命名为"方案管理器"。单击"数据"选项卡"预测"组中的"模拟分析"按钮，并在下拉列表中单击"方案管理器"选项。打开如图 7-26 所示的"方案管理器"对话框，单击"添加"按钮。打开"编辑方案"对话框，为方案命名为"成本400"，可变单元格为$B$1，如图 7-27 所示，单击"确定"按钮，打开如图 7-28 所示的"方案变量值"对话框，设定为成本的可能值。

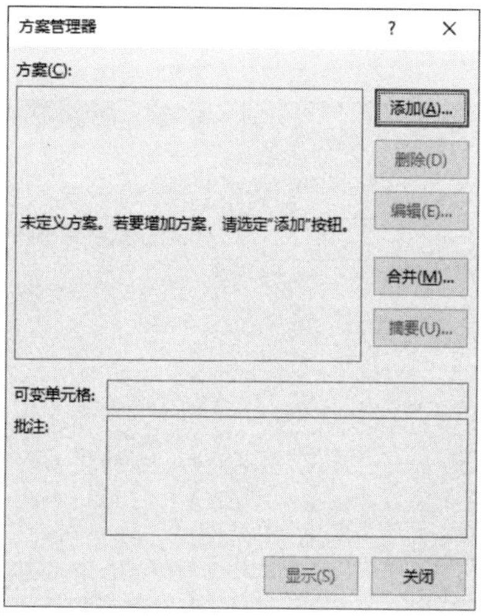

图 7-26　"方案管理器"对话框

图 7-27　"编辑方案"对话框

单击"确定"按钮保存方案，返回"方案管理器"对话框，如图 7-29 所示。

图 7-28   "方案变量值"对话框　　　　　图 7-29   返回"方案管理器"对话框

按相同的方式将其他成本可能值保存为不同的方案。即成本有多少个可能值，则可保存多少个方案。

2．显示及删除方案

打开"方案管理器"对话框，单击选择要显示的方案，再单击"显示"按钮，如图 7-30 所示，在工作表中将显示应用方案的模拟运算结果。图 7-31 为在上节示例的操作结果基础上应用成本值为 425 方案的模拟运算结果，即成本 425 与销量行、价格列数据值的组合。可在模拟运算结果中看到随着成本、价格及销量的变化月盈利额的变化情况。如果还需要查看其他成本与销量行、价格列数据值的组合，显示该成本方案即可。

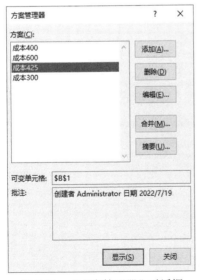

图 7-30   "方案管理器"对话框

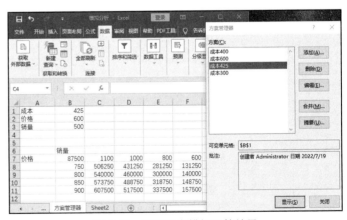

图 7-31   应用方案模拟运算结果

如果需要删除已经添加的方案，只需要在“方案管理器”对话框中单击选中该方案后，再单击“删除”按钮，即可删除选中方案。

3. 建立方案摘要

如果要把所有方案的结果都显示出来进行比较，可以建立方案摘要。

打开“方案管理器”对话框，单击如图 7-30 所示的“摘要”按钮。打开“方案摘要”对话框，进行如图 7-32 所示的设置，单击“确定”按钮。建立如图 7-33 所示的“方案摘要”工作表，即各种成本方案下，价格为行、销量为列的各种盈利情况。

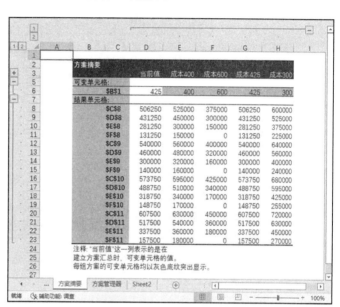

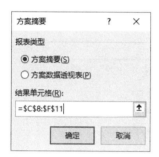

图 7-32　“方案摘要”对话框

方案摘要	当前值	成本400	成本600	成本425	成本300
可变单元格:					
$B$1	425	400	600	425	300
结果单元格:					
$C$8	506250	525000	375000	506250	600000
$D$8	431250	450000	300000	431250	525000
$E$8	281250	300000	150000	281250	375000
$F$8	131250	150000	0	131250	225000
$C$9	540000	560000	400000	540000	640000
$D$9	460000	480000	320000	460000	560000
$E$9	300000	320000	160000	300000	400000
$F$9	140000	160000	0	140000	240000
$C$10	573750	595000	425000	573750	680000
$D$10	488750	510000	340000	488750	595000
$E$10	318750	340000	170000	318750	425000
$F$10	148750	170000	0	148750	255000
$C$11	607500	630000	450000	607500	720000
$D$11	517500	540000	360000	517500	630000
$E$11	337500	360000	180000	337500	450000
$F$11	157500	180000	0	157500	270000

注释:“当前值”这一列表示的是在
建立方案汇总时，可变单元格的值。
每组方案的可变单元格均以灰色底纹突出显示。

图 7-33　“方案摘要”工作表

7.4.4　预测工作表

在 Excel 2016 中可以利用历史数据创建预测工作表，对未来消费趋势进行预测。

例如，利用前半年的数据预测后半年的趋势。

输入如图 7-34 所示的数据。单击“数据”选项卡“预测”组中的“预测工作表”按钮，在“创建预测工作表”对话框中，对预测时间和图表类型进行如图 7-35 所示的设置，其他为默认设置。

	A	B
1	时间	销售额/万元
2	2022年1月	120.3
3	2022年2月	210.2
4	2022年3月	360.5
5	2022年4月	243.2
6	2022年5月	251.3
7	2022年6月	420.2

图 7-34　历史销售数据

单击“创建”按钮，则创建一个新工作表，设置 C 列和 D 列格式为保留 2 位小数，效果如图 7-36 所示。

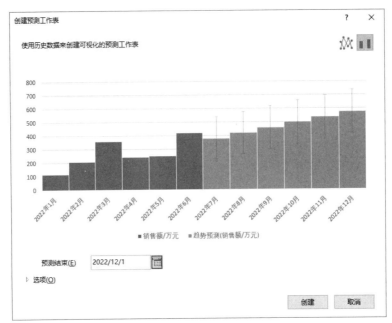

图 7-35   "创建预测工作表"对话框

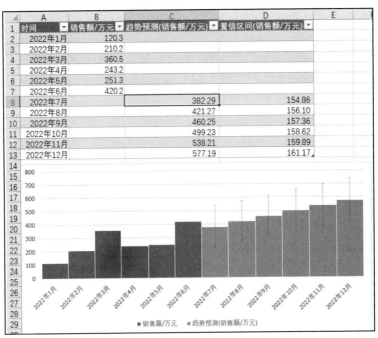

图 7-36   预测工作表

7.5   应用案例——产品销售情况分析

利用数据分析功能对产品销售情况进行分析，创建各种图表，以方便对全年的销售计划进行评估。

7.5.1　案例描述

销售部助理小王需要针对公司上半年产品销售情况进行统计分析，并根据全年销售计划进行评估。按照如下要求完成该项工作：

（1）在"试题"文件夹下，打开"Excel 素材.xlsx"文件并将其另存为"Excel.xlsx"（".xlsx"为扩展名），之后所有的操作均基于此文件。

（2）在"销售业绩表"工作表的"个人销售总计"列中，通过公式计算每名销售人员 1 月至 6 月的销售总和。

（3）依据"个人销售总计"列的统计数据，在"销售业绩表"工作表的"销售排名"列中通过公式计算销售排行榜，个人销售总计排名第一的显示"第 1 名"，个人销售总计排名第二的显示"第 2 名"，依次类推。

（4）在"按月统计"工作表中，利用公式计算 1 月至 6 月的销售达标率，即销售额大于 60000 元的人数所占比例，并填写在"销售达标率"行中。要求以百分比格式显示计算数据，并保留 2 位小数。

（5）在"按月统计"工作表中，分别通过公式计算各月排名第 1、第 2 和第 3 的销售业绩，并填写在"销售第一名业绩""销售第二名业绩"和"销售第三名业绩"所对应的单元格中。要求使用人民币会计专用数据格式，并保留 2 位小数。

（6）依据"销售业绩表"中的数据明细，在"按部门统计"工作表中创建一个数据透视表，并将其放置于 A1 单元格。要求可以统计出各部门的人员数量，以及各部门的销售额占销售总额的比例。数据透视表的效果可参考"按部门统计"工作表中的样例。

（7）在"销售评估"工作表中创建一个标题为"销售评估"的图表，借助此图表可以清晰反映每月"A 类产品销售额"和"B 类产品销售额"之和以及与"计划销售额"的对比情况。图表效果可参考"销售评估"工作表中的样例。

7.5.2　案例操作步骤

（1）将"Excel 素材.xlsx"文件另存为"Excel.xlsx"文件。

1）打开"试题"文件夹下的"Excel 素材.xlsx"文件。

2）单击"文件"→"另存为"命令，单击"浏览"按钮，弹出"另存为"对话框，在该对话框中将"文件名"设为"Excel"，单击"保存"按钮，将其保存于试题文件夹下。

（2）SUM 函数应用。

1）选中"销售业绩表"中的 J3 单元格。

2）在 J3 单元格中输入公式"=SUM(D3:I3)"，按 Enter 键确认输入。

3）双击 J3 单元格右下角的填充柄，向下填充到 J46 单元格。

（3）RANK.EQ 函数应用。

1）选中"销售业绩表"中的 K3 单元格。

2）在 K3 单元格中输入公式"="第"&RANK.EQ(J3,$J$3:$J$46)&"名""，按 Enter 键确认输入。

3）双击 K3 单元格右下角的填充柄，向下填充到 K46 单元格，如图 7-37 所示。

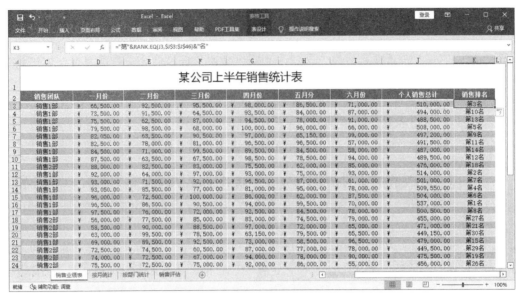

图 7-37　RANK.EQ 函数应用

（4）COUNTIF 函数应用。

1）选中"按月统计"工作表中的 B3:G3 单元格区域并右击。

2）在弹出的快捷菜单中选择"设置单元格格式"命令，弹出"设置单元格格式"对话框，在"数字"选项卡中选择"分类"列表框中的"百分比"，将右侧的"小数位数"设置为"2"，单击"确定"按钮。

3）选中 B3 单元格，输入公式"=COUNTIF(表 1[一月份],">60000")/COUNT(表 1[一月份])"，按 Enter 键确认输入。

4）使用鼠标拖动 B3 单元格的填充柄，向右填充到 G3 单元格，如图 7-38 所示。

图 7-38　COUNTIF 函数求销售达标率

（5）LARGE 函数应用。

1）选中"按月统计"工作表中的 B4:G6 单元格区域并右击。

2）在弹出的快捷菜单中选择"设置单元格格式"命令，弹出"设置单元格格式"对话框，在"数字"选项卡中选择"分类"列表框中的"会计专用"，将右侧的"小数位数"设置为"2"，

"货币符号（国家/地区）"设置为人民币符号"¥"，单击"确定"按钮，如图 7-39 所示。

图 7-39 "设置单元格格式"对话框

3）选中 B4 单元格，输入公式"=LARGE(表 1[一月份],1)"，按 Enter 键确认输入。

4）使用鼠标拖动 B4 单元格的填充柄，向右填充到 G4 单元格。

5）选中 B5 单元格，输入公式"=LARGE(表 1[一月份],2)"，按 Enter 键确认输入。

6）使用鼠标拖动 B5 单元格的填充柄，向右填充到 G5 单元格，然后把 E5 单元格中公式"=LARGE(表 1[四月份],2)",改为"=LARGE(表 1[四月份],3)"。

7）选中 B6 单元格，输入公式"=LARGE(表 1[一月份],3)"，按 Enter 键确认输入。

8）使用鼠标拖动 B6 单元格的填充柄，向右填充到 G6 单元格，然后把 E6 单元格中公式"=LARGE(表 1[四月份],3)"，改为"=LARGE(表 1[四月份],4)"。如图 7-40 所示。

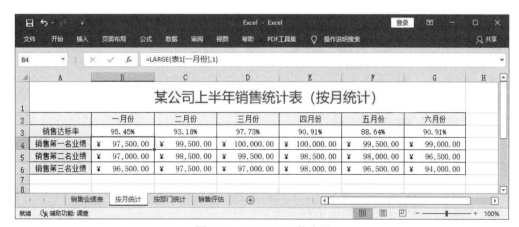

图 7-40 LARGE 函数应用

说明：此处修改 E5 和 E6 单元格中公式，是因为销售第一名业绩有两位，为了数据不重复，E5 和 E6 分别取第三名和第四名的业绩。

（6）插入数据透视表。

1）选中"按部门统计"工作表中的 A1 单元格。

2）单击"插入"选项卡"表格"组中的"数据透视表"按钮，在下拉列表中选择"来自表格或区域"命令，弹出"来自表格或区域的数据透视表"对话框，单击"表/区域"文本框右侧的"折叠对话框"按钮 ⬆，使用鼠标单击"销售业绩表"，选择数据区域 A2:K46，按 Enter 键展开"来自表格或区域的数据透视表"对话框，最后单击"确定"按钮。

3）拖动"按部门统计"工作表右侧"数据透视表字段"中的"销售团队"字段到"行"区域中。

4）拖动"销售团队"字段到"值"区域中。

5）拖动"个人销售总计"字段到"值"区域中。效果如图 7-41 所示。

6）单击"值"区域中"个人销售总计"右侧的下拉按钮，在弹出的快捷菜单中选择"值字段设置"命令，如图 7-42 所示，弹出"值字段设置"对话框，选择"值显示方式"选项卡，在"值显示方式"下拉列表框中选择"总计的百分比"，单击"确定"按钮，如图 7-43 所示。

图 7-41　数据透视表字段

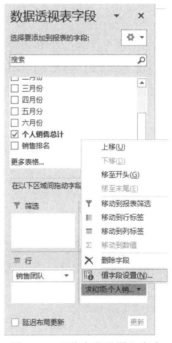

图 7-42　"值字段设置"命令

7）双击 A1 单元格，输入标题名称"部门"；双击 B1 单元格，弹出"值字段设置"对话框，在"自定义名称"文本框中输入"销售团队人数"，单击"确定"按钮；同理双击 C1 单元格，弹出"值字段设置"对话框，在"自定义名称"文本框中输入"各部门所在地占销售比例"，单击"确定"按钮，效果如图 7-44 所示。

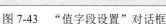

图 7-43　"值字段设置"对话框

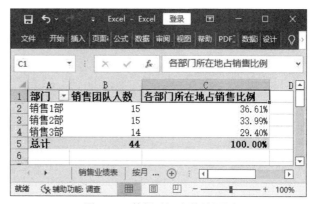

图 7-44　数据透视表的效果图

（7）插入图表。

1）选中"销售评估"工作表中的 A2:G5 单元格区域。

2）单击"插入"选项卡"图表"组中的"插入柱形图或条形图"下拉按钮，在下拉列表中选择"堆积柱形图"，如图 7-45 所示。

3）选中创建的图表，在"图表工具/图表设计"上下文选项卡中，单击"图表布局"组中的"添加图表元素"按钮，在下拉列表中选择"图表标题"→"图表上方"命令，如图 7-46 所示。选中添加的图表标题文本框，将图表标题修改为"销售评估"。

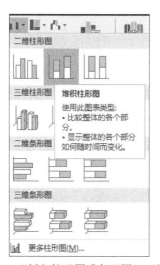

图 7-45　"插入柱形图或条形图"下拉列表

图 7-46　"图表标题"命令

4）在"图表工具/图表设计"上下文选项卡中，单击"图表布局"组中的"快速布局"下拉列表中的"布局 3"样式，如图 7-47 所示。

5）选中图表区中的"计划销售额"图形并右击，在弹出快捷菜单中选择"设置数据系列格式"命令，弹出"设置数据系列格式"任务窗格，选中"系列选项"，将"间隙宽度"比例调整到 25%。同时选择"系列绘制在"选项组中的"次坐标轴"单选按钮，如图 7-48 所示。

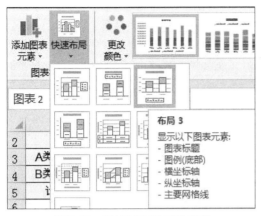

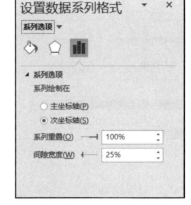

图 7-47 "快速布局"下拉列表   图 7-48 "设置数据系列格式"任务窗格的"系列选项"

6）单击"填充与线条"按钮，在"填充"选项组中选择"无填充"单选按钮，如图 7-49 所示。

7）单击"边框"，在"边框"选项组中选择"实线"单选按钮，将颜色设置为标准色的 "红色"，如图 7-50 所示。

图 7-49 "设置数据系列格式"任务窗格的"填充与线条"   图 7-50 "设置数据系列格式"任务窗格的"边框"

8）在"边框"选项组中将"宽度"设置为"2 磅"，如图 7-51 所示，单击"关闭"按钮。

9）单击选中图表右侧出现的"次坐标轴垂直（值）轴"，按 Delete 键将其删除。

10）适当调整图表的大小及位置。

图 7-51 "设置数据系列格式"任务窗格的"边框"宽度

习题 7

一、思考题

1．在进行数据筛选时，什么情况下应该使用高级筛选？
2．在进行数据汇总时，分类汇总与数据透视表有什么不同？
3．什么是模拟运算，什么情况下应该使用模拟运算？

二、操作题

1．创建文件 E3.xlsx，在其中创建工作表"工资表"，如图 7-52 所示。

	A	B	C	D	E	F	G
1	编号	部门	姓名	工资	奖金	代扣款	实发工资
2	1	人事部	徐定	2400	5000	800	6600
3	2	销售部	简单	1800	2600	0	4400
4	3	检验部	刘晓如	4000	8600	1200	11400
5	4	生产部	李力	1900	4500	350	6050
6	5	市场部	袁元	1200	6100	1200	6100
7	6	销售部	赵颖	3300	2300	600	5000
8	7	检验部	张京	1900	4560	300	6160
9	8	生产部	于同	4500	7800	1300	11000
10	9	市场部	李兵	1900	1600	200	3300
11	10	人事部	张开	4500	2540	330	6710
12	11	人事部	许可	2000	3200	150	5050
13	12	销售部	詹复	2300	4400	800	5900

图 7-52 工资表

完成如下操作：

（1）将工作表"工资表"按照主要关键字"实发工资"的降序和次要关键字"编号"的升序排列。

（2）自动筛选：使用自动筛选的方法筛选出"工资"在 3000 元以上的人员记录，新建工作表"自动筛选"，将筛选结果保存在此表中，然后原表取消筛选。

（3）分类汇总：将"工资表"中的记录按照"部门"分类，汇总出各个部门的奖金总额，汇总方式为"求和"。

（4）保存对工作簿的更改。

2．对"产品销售情况表.xlsx"文件进行如下操作：

（1）对工作表"产品销售情况表"内数据清单的内容按主要关键字"分公司"的降序次序和次要关键字"产品名称"的降序次序进行排序。

（2）完成对各分公司销售额总和的分类汇总，汇总结果显示在数据下方。

3．对"习题 3.xlsx"文件进行如下操作：

（1）将 Sheet1 工作表的 A1:D1 单元格区域合并为一个单元格，内容水平居中；计算员工的"平均年龄"置 D13 单元格内（数值型，保留小数点后 2 位）；计算学历为本科、硕士、博士的人数置 F5:F7 单元格区域（利用 COUNTIF 函数）。

（2）选取"学历"列（E4:E7）和"人数"列（F4:F7）数据区域的内容建立"簇状水平圆柱图"（系列产生在"列"），图表标题为"员工学历情况统计图"，在顶部显示图例，将图插入到表的 A15:F28 单元格区域内，将工作表命名为"员工学历情况统计表"。

（3）对工作表"产品销售情况表"内数据清单的内容建立数据透视表，按行为"产品名称"、列为"季度"、数据为"销售额（万元）"求和布局，并置于现工作表的 I5:M10 单元格区域。

第8章　Excel 宏与数据共享

在 Excel 中，如果要重复执行多个任务，可以通过录制一个宏来自动执行这些任务，以提高工作效率。如果要定期分析某些数据，可以连接到外部数据，以便实时跟踪数据的更新。

本章知识要点包括宏的录制和使用方法；在 Excel 中从外部数据源获取数据的方法。

8.1　录制和使用宏

宏是可重复执行的一个操作或一组操作。通过录制宏，可以录制鼠标单击操作和键盘击键操作的过程，将用户执行的每个操作均保存在宏中，以便需要时可以重复执行这些操作。

8.1.1　录制宏

1. 录制宏之前的准备工作

在录制宏之前，要确保功能区中显示有"开发工具"选项卡。默认情况下，不会显示"开发工具"选项卡，这时需要执行以下操作：

单击"文件"→"选项"命令，在"Excel 选项"对话框中单击"自定义功能区"选项。在"自定义功能区"下的"主选项卡"列表中单击"开发工具"选项，再单击"确定"按钮，如图 8-1 所示。

图 8-1　显示"开发工具"选项卡

2．创建宏

单击"开发工具"选项卡"代码"组中的"录制宏"按钮（图 8-2），打开如图 8-3 所示的"录制宏"对话框。输入宏名，选择保存位置，为宏添加必要的说明。单击"确定"按钮，开始录制宏。这时宏将记录接下来在工作表中的所有操作，直到结束录制。录制完成后，单击"代码"组中的"停止录制"按钮（开始录制宏后，"录制宏"按钮将变为"停止录制"按钮），停止宏的录制。

图 8-2　代码组

图 8-3　"录制宏"对话框

说明： 宏实际上是由 Excel 自动记录的一个小程序，宏名称必须以字母或下划线开头，不能包含空格等无效字符，不能使用单元格地址等工作簿内部名称。

3．保存宏

在工作簿中创建宏之后，要将宏保存下来，必须将工作簿保存为能够启用宏的文件类型。如图 9-4 所示，单击"文件"→"另存为"命令，单击"浏览"按钮，打开"另存为"对话框，在"保存类型"中选择"Excel 启用宏的工作簿"文件类型。下次打开文件时，将会提示启用宏。

图 8-4　保存启用宏的工作簿

8.1.2　使用宏

在 Excel 中运行宏的方法有多种，最常用的是通过单击功能区中的"宏"命令运行宏。

1. 运行宏

单击要应用宏的工作表标签激活该工作表为活动工作表。单击"开发工具"选项卡"代码"组中的"宏"按钮（图 8-2）。打开如图 8-5 所示的"宏"对话框。在该对话框中选择要运行的宏名，单击"执行"按钮，可以对当前工作表快速执行选中宏记录的操作步骤。

根据为宏指定的运行方式，还可以通过自定义的 Ctrl 组合快捷键、单击快速访问工具栏中或功能区"自定义"组中的按钮，或单击对象、图形或控件上的某个区域来运行宏。另外，也可以在打开工作簿时自动运行宏。

2. 将宏分配给对象、图形或控件

在 Excel 中，可以将宏指定给工作表中的某个对象，单击该对象即可执行宏。

首先在工作表中插入一个对象，鼠标指向该对象并右击，在弹出的快捷菜单中单击"指定宏"，打开如图 8-6 所示的"指定宏"对话框，在该对话框中为对象指定一个宏，单击"确定"按钮。然后在工作表中单击该对象，可对工作表应用指定宏记录的操作。

图 8-5　"宏"对话框

图 8-6　"指定宏"对话框

3. 删除宏

打开包含宏的工作簿。然后单击"开发工具"选项卡"代码"组中的"宏"按钮，在打开的"宏"对话框中选择要删除的宏名，单击"删除"按钮，即可删除选定宏。

8.2　与其他应用程序共享数据

在 Excel 中连接到外部数据的主要好处是可以在 Excel 中定期分析此数据，而不用重复复制数据。连接到外部数据之后，可以自动刷新（或更新）来自原始数据源的 Excel 工作簿，而不论该数据源是否用新信息进行了更新。

8.2.1　获取外部数据

通过获取外部数据命令，在 Excel 工作表中可以从文本、网站、数据库等文件中获取数据。

1．从文本文件中获取数据

（1）单击"数据"选项卡"获取外部数据"组的"自文本"按钮（图 8-7）。打开"导入文本文件"对话框，在该对话框中选择需从中获取数据的文本文件，如图 8-8 所示。单击"导入"按钮，打开"文本导入向导"对话框。

图 8-7　"获取外部数据"组

图 8-8　"导入文本文件"对话框

（2）在文本导入向导第 1 步中选择文件原始格式，设置导入数据的起始行（即从文件的第几行开始提取数据）等，如图 8-9 所示。单击"下一步"按钮，进入本导入向导第 2 步。

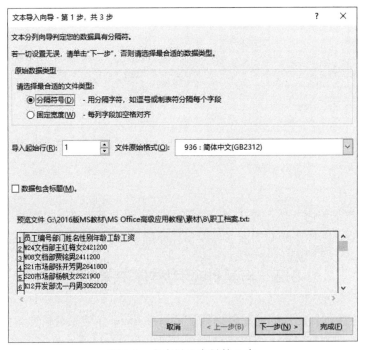

图 8-9　文本导入向导第 1 步

（3）在文本导入向导第 2 步中设置分列数据的分隔符。默认情况下分隔符是 Tab 键，如图 8-10 所示，可在数据预览列表框中预览数据分列效果。如果需要设置为其他符号，可以勾选"其他"复选框，输入分隔符。在导入数据时，数据会按此处指定的分隔符把数据分隔为多列。设置完成后，单击"下一步"按钮，进入文本导入向导第 3 步。

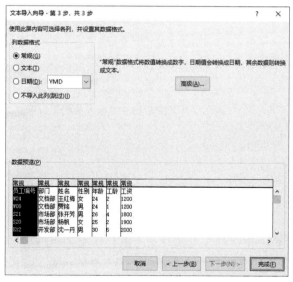

图 8-10　文本导入向导第 2 步

（4）在文本导入向导第 3 步中，可设置列数据格式。默认为"常规"格式，也可根据设置需求更改为其他格式，如图 8-11 所示。设置完成后单击"完成"按钮。打开"导入数据"对话框，如图 8-12 所示，指定导入数据存放的位置。单击"确定"按钮，即可将文本文件中的数据导入到指定工作表中。

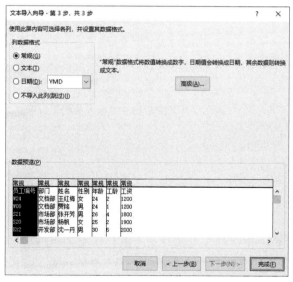

图 8-11　文本导入向导第 3 步

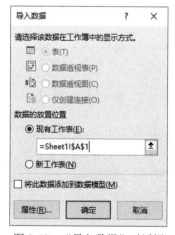

图 8-12　"导入数据"对话框

2. 从网站获取外部数据

单击图 8-7 所示的"获取外部数据"组中的"自 Web"按钮。打开如图 8-13 所示的"新建 Web 查询"对话框。在地址栏中输入要获取数据所在的网址后单击"转到"按钮，在"新建 Web 查询"对话框中打开网页，如图 8-14 所示。单击要导入数据前的黄色箭头 ➡ 选中数据，单击"导入"按钮。打开如图 8-15 所示的"导入数据"对话框，选择数据放置的位置，单击"确定"按钮导入数据。

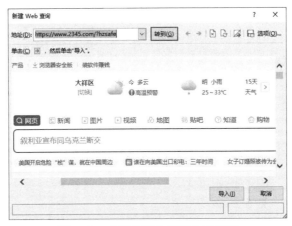

图 8-13　"新建 Web 查询"对话框

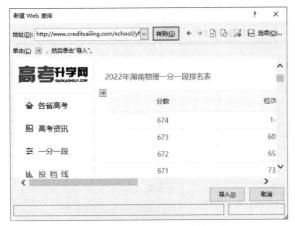

图 8-14　在网页中选取数据源

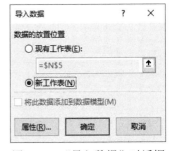

图 8-15　"导入数据"对话框

8.2.2　数据链接与共享

为了快速访问另一个文件中或网页上的相关信息，可以在工作表单元格中插入超链接，还可以在特定的图表元素中插入超链接。

1. 插入超链接

在工作表中单击要插入超链接的对象，再单击"插入"选项卡"链接"组的"链接"按钮。打开"插入超链接"对话框，在"链接到"列表框中可以选择要链接文件的位置。如果是与其他文件链接，则单击"现有文件或网页"选项，如图 8-16 所示，如果是与本文件中的对象链接，则单击"本文档中的位置"选项。在"查找范围"下拉列表框中可以选择具体要链接的对象。在"要显示的文字"文本框中可以设置单击链接时屏幕上显示的提示性文字。

图 8-16　"插入超链接"对话框

　　设置完成后单击"确定"按钮，为指定对象插入超链接。当鼠标单击该对象时，即可跳转到所链接的对象。

　　通过超链接，在 Excel 中可以实现不同位置、不同文件之间的跳转。

　　2. 与其他程序共享数据

　　（1）与 Word、PowerPoint 共享数据。

　　在 Excel 中创建的表格可以方便地应用于 Word 或 PowerPoint 文件中。具体可以通过以下两种方式插入。

　　1）通过剪贴板。首先在 Excel 中复制要插入的数据，然后在 Word 或 PowerPoint 文件中右击，在弹出的快捷菜单的"粘贴选项"选项中选择粘贴方式，可将数据复制到指定的 Word 或 PowerPoint 文件中。

　　2）以对象方式插入。在 Word 文件中，单击"插入"选项卡"表格"组中的"表格"按钮，在下拉列表中单击"Excel 电子表格"命令，可在文件当前位置插入一个 Excel 表格；在 PowerPoint 文件中，单击"插入"选项卡"文本"组中的"对象"按钮，在"对象"对话框中单击"XLSX 工作表"命令，可在文件当前位置插入一个 Excel 表格。

　　在插入的表格中双击，即可像在 Excel 中一样对表格进行编辑修改。

　　（2）与早期版本的 Excel 用户交换工作簿。

　　在 Excel 文件中，如果希望使用低版本 Excel 软件的用户能够打开文件，可以将文件保存为"Excel 97-2003 工作簿"。单击"文件"→"另存为"命令，单击"浏览"按钮，在打开的"另存为"对话框中可以选择文件的保存类型。需要注意的是，将文件保留为早期版本类型，文档中的某些格式和功能将不被保留。

　　根据应用需求，文件还可以保存为其他多种类型的文件。例如，当不希望文档中的格式或数据被轻易更改时，可将文件保存为 PDF 类型。

8.3   应用案例——数据导入

在 Excel 中，常常需要导入外部的各种数据，如文本文件、数据库文件中的表和网页文件等。

8.3.1   案例描述

打开"数据导入"文件，按下列不同要求导入不同外部数据到各工作表中：

（1）导入"学生情况.txt"文件到"学生情况表"工作表中，从 A2 单元格开始。

（2）导入"产品信息.accdb"文件中的"产品信息"表中的数据到"产品信息表"工作表中，从 A1 单元格开始。

8.3.2   案例操作步骤

打开"数据导入"文件。

（1）导入文本文件。

1）在工作表"学生情况表"中选中 A2 单元格，单击"数据"选项卡"获取外部数据"组中的"自文本"按钮，弹出"导入文本文件"对话框。

2）选定"学生情况.txt"文件，单击"导入"按钮，弹出如图 8-17 所示的"文本导入向导-第 1 步，共 3 步"对话框。

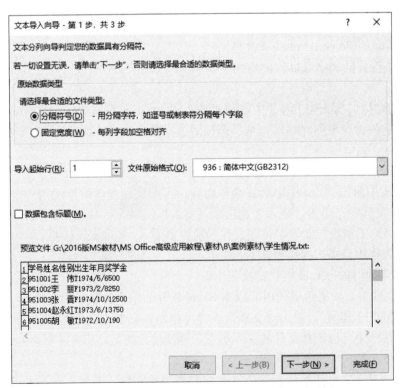

图 8-17   "文本导入向导-第 1 步，共 3 步"对话框

3）单击"下一步"按钮，弹出如图 8-18 所示的"文本导入向导-第 2 步，共 3 步"对话框。

图 8-18　"文本导入向导-第 2 步，共 3 步"对话框

4）单击"下一步"按钮，弹出如图 8-19 所示的"文本导入向导-第 3 步，共 3 步"对话框。

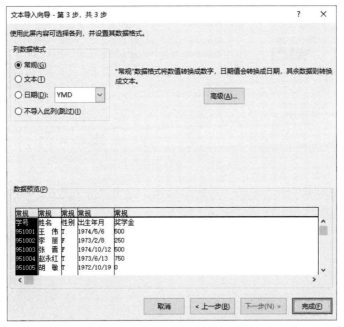

图 8-19　"文本导入向导-第 3 步，共 3 步"对话框

5）单击"完成"按钮，弹出如图 8-20 所示的"导入数据"对话框。

6）单击"确定"按钮，即可完成导入文本文件的操作。

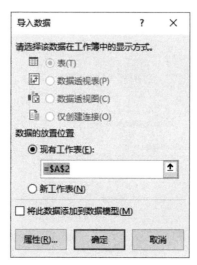

图 8-20   "导入数据"对话框

（2）导入 Access 数据库文件中的数据表到 Excel 表中。

1）在工作表"产品信息表"中选中 A1 单元格，单击"数据"选项卡"获取外部数据"组中的"自 Access"按钮，弹出"选取数据源"对话框。

2）选定"产品信息.accdb"文件，单击"打开"按钮，弹出如图 8-21 所示的"选择表格"对话框。

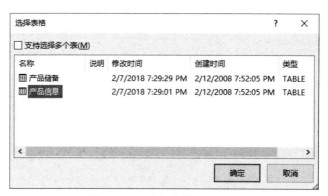

图 8-21   "选择表格"对话框

3）选定"产品信息"表，单击"确定"按钮，弹出"导入数据"对话框。

4）单击"确定"按钮，即可完成导入操作。

习题 8

一、思考题

1. 在 Excel 中，要多人同时访问一个工作簿需要具备什么条件？

2. 什么情况下使用宏可以帮助用户高效地完成工作？

3. 在 Excel 中链接外部数据的优点是什么？

二、操作题

1. 打开"习题 1"文件夹中的"习题 1"文件，进行如下操作：

（1）在工作表 Sheet1 中，从 B3 单元格开始导入"数据源.txt"中的数据。

（2）将工作表名称修改为"销售记录"。

2. 打开"习题 2"文件夹中的"习题 2"文件，进行如下操作：

（1）把 Sheet1 改名为"员工基础档案"。

（2）将以分隔符分隔的文本文件"员工档案.csv"自 A1 单元格开始导入到工作表"员工基础档案"中。

（3）将第 1 列数据从左到右依次分成"工号"和"姓名"两列显示。

（4）将"工资"列的数字格式设为不带货币符号的会计专用，适当调整行高和列宽。

（5）创建一个名为"档案"、包含数据区域 A1:N102、包含标题的表，同时删除外部链接。

3. 财务部助理小王需要向主管汇报 2013 年度公司差旅报销情况，现在请按照如下需求，在"习题 3"文件夹中的 Excel.xlsx 文档中完成工作：

（1）在"费用报销管理"工作表"日期"列的所有单元格中，标注每个报销日期属于星期几，例如日期为"2013 年 1 月 20 日"的单元格应显示为"2013 年 1 月 20 日星期日"，日期为"2013 年 1 月 21 日"的单元格应显示为"2013 年 1 月 21 日星期一"。

（2）如果"日期"列中的日期为星期六或星期日，则在"是否加班"列的单元格中显示"是"，否则显示"否"（必须使用公式）。

（3）使用公式统计每个活动地点所在的省份或直辖市，并将其填写在"地区"列所对应的单元格中，例如"北京市""浙江省"。

（4）依据"费用类别编号"列的内容，使用 VLOOKUP 函数生成"费用类别"列的内容。对照关系参考"费用类别"工作表。

（5）在"差旅成本分析报告"工作表 B3 单元格中，统计 2013 年第二季度发生在北京市的差旅费用总金额。

（6）在"差旅成本分析报告"工作表 B4 单元格中，统计 2013 年员工钱顺卓报销的火车票费用总额。

（7）在"差旅成本分析报告"工作表 B5 单元格中，统计 2013 年差旅费用中，飞机票费用占所有报销费用的比例，并保留 2 位小数。

（8）在"差旅成本分析报告"工作表 B6 单元格中，统计 2013 年发生在周末（星期六和星期日）的通讯补助总金额。

第9章　PowerPoint 演示文稿内容编辑

PowerPoint 生成的文件叫作演示文稿文件，其扩展名为.pptx。一个演示文稿包含若干页面，每个页面就是一张幻灯片。幻灯片是 PowerPoint 操作的主体。PowerPoint 演示文稿的创建、编辑等操作是使用 PowerPoint 的基础。

本章知识要点包括演示文稿的各种视图模式；演示文稿的基本操作与幻灯片的内容编辑。

9.1　PowerPoint 基本操作

演示文稿一般由一系列幻灯片组成，幻灯片是演示文稿编辑加工的主体。在组织编辑演示文稿时，为使文稿内容更连贯，文稿意图表达得更清楚，经常需要通过插入、删除、移动、复制幻灯片来逐渐完善演示文稿。

9.1.1　演示文稿视图模式

单击"视图"选项卡，在"演示文稿视图"功能区有各种视图的按钮，单击按钮可切换到相应的视图，如图 9-1 所示。

图 9-1　演示文稿视图

1. 普通视图

普通视图是进入 PowerPoint 2016 的默认视图，是主要的编辑视图，可用于撰写或设计演示文稿。普通视图主要分为 3 个窗格：左侧为视图窗格，右侧为编辑窗格，底部为备注窗格。

2. 幻灯片浏览视图

在幻灯片浏览视图中，既可以看到整个演示文稿的全貌，又可以方便地进行幻灯片的组织，包括轻松地移动、复制和删除幻灯片，设置幻灯片的放映方式、动画特效和进行排练计时，如图 9-2 所示。

3. 阅读视图

在阅读视图时，幻灯片在计算机上呈现全屏外观，用户可以在全屏状态下审阅所有的幻灯片。

4. 备注页视图

备注的文本内容虽然可通过普通视图的"备注"窗格输入，但是在备注页视图中编辑备注文字更方便一些。在备注页视图中，幻灯片和该幻灯片的备注页视图同时出现，备注页出现在下方，尺寸也比较大，用户可以拖动滚动条显示不同的幻灯片，以编辑不同幻灯片的备注页，如图 9-3 所示。

图 9-2　幻灯片浏览视图

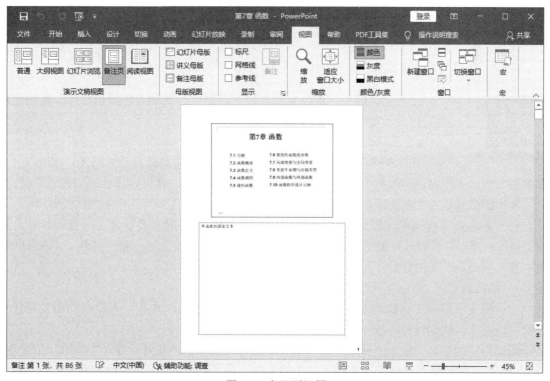

图 9-3　备注页视图

5. 大纲视图

大纲视图中，左侧为大纲窗格，如图 9-4 所示。可以在大纲窗格中编辑幻灯片并在各幻灯片间跳转。通过大纲视图，可以将大纲从 Word 粘贴到大纲窗格中，直接轻松创建整个演示文稿。

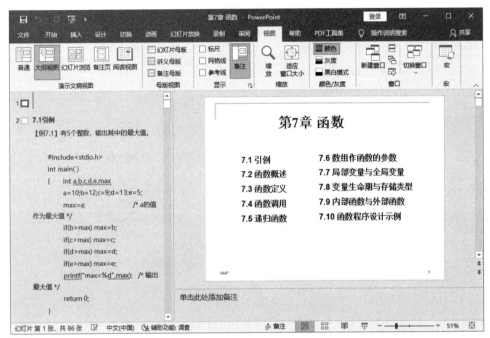

图 9-4　大纲视图

9.1.2　幻灯片的基本操作

幻灯片中插入节

在演示文稿中，可以对幻灯片进行操作，比如添加新幻灯片、删除无用的幻灯片、复制幻灯片、移动幻灯片的位置等。

1. 选择幻灯片

在"普通"视图下，单击"幻灯片"窗格中的幻灯片缩略图，或者在"大纲视图"下，单击左侧"大纲"窗格中的幻灯片编号后的图标，就可以选定相应的幻灯片。

在"幻灯片浏览"视图下，只需单击窗口中的幻灯片缩略图即可选中相应的幻灯片。

在"备注页"视图中，若当前活动窗格为"幻灯片"窗格时，要转到上一张幻灯片，可按 PageUp 键；要转到下一张幻灯片，可按 PageDown 键；要转到第一张幻灯片，可按 Home 键；要转到最后一张幻灯片，可按 End 键。

2. 插入幻灯片

一般情况下演示文稿都是由多张幻灯片组成，在 PowerPoint 中用户可以根据需要在任意位置手动插入新的幻灯片，操作如下：

选定当前幻灯片，单击"开始"选项卡"幻灯片"组中的"新建幻灯片"按钮，如图 9-5 所示，或者右击幻灯片缩略图并在弹出的快捷菜中选择"新建幻灯片"命令，将会在当前幻灯片的后面快速插入一张版式为"标题和内容"的新幻灯片。

图 9-5　插入新幻灯片

如果要在插入新幻灯片的同时选择幻灯片的版式，可以单击"新建幻灯片"下拉按钮，则会弹出 Office 主题的版式列表，在列表中可以选择所需要的幻灯片版式，如图 9-6 所示。

在当前演示文稿中还可插入其他演示文稿中的幻灯片，具体操作如下：

（1）在"开始"选项卡下，单击"幻灯片"组中"新建幻灯片"→"重用幻灯片"命令，打开"重用幻灯片"任务窗格。

（2）单击"浏览"按钮，选择"浏览文件"，打开"浏览"对话框。

（3）选择要插入的幻灯片所在的演示文稿，单击"打开"按钮。从"重用幻灯片"列表框中选择幻灯片，直接单击幻灯片即可将选定幻灯片插入到当前演示文稿中，如图 9-7 所示。

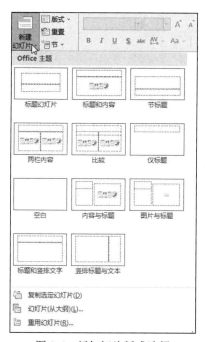

图 9-6　新幻灯片版式选择

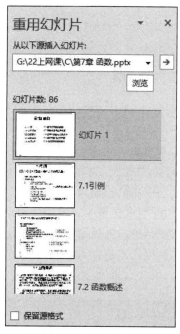

图 9-7　重用幻灯片

3．移动幻灯片

移动就是将幻灯片从演示文稿的一处移到演示文稿中的另一处。移动幻灯片的方法如下：

（1）利用菜单命令或工具按钮移动。选定要移动的幻灯片，单击"开始"选项卡"剪贴板"组的"剪切"按钮，或者右击并选择快捷菜单的"剪切"命令，选择目的点（目的点和幻灯片的插入点的选择相同），再单击"剪贴板"组的"粘贴"按钮，或者右击并选择快捷菜单的"粘贴"命令。

（2）利用鼠标拖拽。选定要移动的幻灯片，按住鼠标左键进行拖动，这时窗格上会出现一条插入线，当插入线出现在目的点时松开鼠标左键完成移动。

注意：如果要同时移动、复制或删除多张幻灯片，按住 Shift 键单击选定多张位置相邻的要执行操作的幻灯片，或者按住 Ctrl 键单击选定多张位置不相邻的要执行操作的幻灯片，然后执行相应的操作即可。

4．复制幻灯片

（1）利用菜单命令或工具按钮复制。单击"开始"选项卡"剪贴板"组的"复制"按钮，或者右击并选择快捷菜单的"复制"命令，选择目的点（目的点和幻灯片的插入点的选择相同），再单击"剪贴板"组的"粘贴"按钮，或者右击并选择快捷菜单的"粘贴"命令。

（2）利用鼠标拖拽。选定要复制的幻灯片，按住 Ctrl 键的同时按住鼠标左键进行拖动，这时窗格上会出现一条插入线，当插入线出现在目的点时松开 Ctrl 键和鼠标左键完成复制。

5．删除幻灯片

选定要删除的幻灯片，右击并选择快捷菜单中的"删除幻灯片"命令，或者按 Delete 键。

9.2　PowerPoint 中的各种对象

在 PowerPoint 幻灯片中，可以插入文本、图形、SmartArt、图像（片）、图表、音频、视频、艺术字等对象，从而增强幻灯片的表现力。

9.2.1　文本对象

文本对象是演示文稿幻灯片中的基本要素之一，合理地组织文本对象可以使幻灯片更能清楚地说明问题，恰当地设置文本对象的格式可以使幻灯片更具吸引人的效果。

1．文本的插入

在幻灯片中插入文本有以下几种常用方法。

（1）利用占位符输入文本。通常，在幻灯片上添加文本最简易的方式是直接将文本输入到幻灯片的任何占位符中。例如应用"标题幻灯片"版式，幻灯片上的占位符会提示"单击此处添加标题"，单击之后即可输入文本。

（2）利用文本框输入文本。如果要在占位符以外的地方输入文本，可以先在幻灯片中插入文本框，再向文本框中输入文本。如图 9-8 所示，有如下两种方法：

图 9-8　插入文本框

1）如果要添加不用自动换行的文本，则单击"插入"选项卡"文本"组中的"文本框"

按钮，在下拉列表中单击"绘制横排文本框"或"竖排文本框"命令，单击幻灯片上要添加文本框的位置即可开始输入文本，输入文本时文本框的宽度将增大自动适应输入文本的长度，但是不会自动换行。

2）如果要添加自动换行的文本，则单击"插入"选项卡"文本"组中的"文本框"按钮，在下拉列表中单击"绘制横排文本框"或"竖排文本框"命令，并在幻灯片中拖动鼠标插入一个文本框，再向文本框中输入文本即可，这时文本框的宽度不变，但会自动换行。

（3）在大纲视图下输入文本。在"大纲视图"左侧的大纲窗格中，定位插入点，直接通过键盘输入文本内容即可，按 Enter 键新建一张幻灯片。如果在同一张幻灯片上继续输入下一级的文本内容，按 Enter 键后再按 Tab 键产生降级。相同级别的用 Enter 键换行，不同级别的可以使用 Tab 键降级和 Shift+Tab 键升级进行切换。

2. 文本格式的设置

如同 Word 2016 一样，在"开始"选项卡的"字体"和"段落"组中可以设置文本格式，设置段落格式的项目符号、编号、行距，段落间距等。

9.2.2 图片对象

图片是 PowerPoint 演示文稿最常用的对象之一，图片可以是联机图片也可以是来自此设备中的文件，使用图片可以使幻灯片更加生动形象。可直接向幻灯片中插入图片，也可使用图片占位符插入图片。

1. 在带有图片版式的幻灯片中插入图片

将要插入图片的幻灯片切换为当前幻灯片，插入一张带有图片占位符版式的幻灯片，然后单击"单击此处添加文本"占位符中的"图片"按钮，如图 9-9 所示，弹出"插入图片"对话框，选择要插入的图片，单击"打开"按钮即可插入。

图 9-9　带有图片占位符版式的幻灯片

2. 在带有图片占位符版式的幻灯片中插入联机图片

选择带有联机图片占位符的幻灯片，单击"联机图片"按钮，弹出如图 9-10 所示的"插入图片"对话框，在"搜索必应"文本框中输入要搜索的主题，如输入"人物"，然后单击"搜索必应"按钮，在"联机图片"对话框中，选择要插入的联机图片，单击"插入"按钮即可插入。

图 9-10　"插入图片"对话框（联机图片）

3.　直接插入来自文件的图片

选定要插入图片的幻灯片，打开"插入"选项卡，单击"图像"组中的"图片"下拉列表中的"此设备"命令，弹出"插入图片"对话框，选择要插入的图片，单击"打开"按钮即可插入，如图 9-11 所示。

图 9-11　"插入图片"对话框

4.　直接插入联机图片

选定要插入联机图片的幻灯片，打开"插入"选项卡，单击"图像"组中的"图片"下拉列表中的"联机图片"命令，弹出如图 9-10 所示"插入图片"对话框，在"搜索必应"文本框中输入要搜索的主题，如输入"苹果"，然后单击"搜索必应"按钮，选择要插入的联机图片，单击"插入"按钮即可插入，如图 9-12 所示。

图 9-12　"联机图片"对话框

9.2.3　表格对象

在 PowerPoint 中，可直接向幻灯片中插入表格，也可在带有表格占位符版式的幻灯片中插入表格。

在选择了包含有表格占位符版式的幻灯片中插入表格，只需单击"插入表格"按钮，弹出"插入表格"对话框，根据需要插入表格。

1. 在带有表格占位符版式的幻灯片中插入表格

插入一张"标题与内容"版式的幻灯片，然后单击"单击此处添加文本"占位符中的"插入表格"按钮，弹出"插入表格"对话框，输入"列数"和"行数"，单击"确定"按钮即可插入，如图 9-13 所示。

2. 直接插入表格

选定要插入表格的幻灯片，单击"插入"选项卡"表格"组中的"表格"下拉按钮，有 4 种插入表格的方法：拖动鼠标、"插入表格"命令、"绘制表格"命令、"Excel 电子表格"命令，如图 9-14 所示。

图 9-13　占位符插入表格

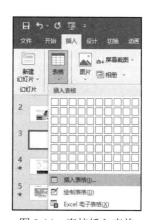

图 9-14　直接插入表格

9.2.4　图表对象

图表能比文字更直观地描述数据，而且它几乎能描述任何数据信息。所以，当需要用数据来说明一个问题时，就可以利用图表直观明了地表达

幻灯片中图表的插入

信息特点。可直接向幻灯片中插入图表，也可在带有图表占位符版式的幻灯片中插入图表。方法与表格插入类似。

（1）在选择了包含有图表占位符版式的幻灯片中插入图表，只需单击"插入图表"按钮。弹出"插入图表"对话框，其中列出了默认样式的图表和数据表，如图 9-15 所示。

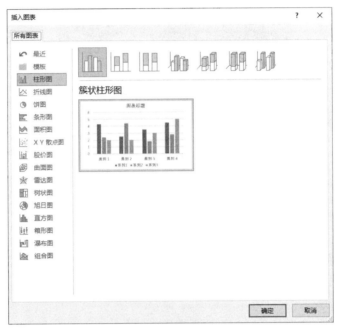

图 9-15　"插入图表"对话框

（2）在该对话框中，选择一种图形，单击"确定"按钮，就会自动弹出"Microsoft PowerPoint 中的图表"Excel 电子表格，如图 9-16 所示。

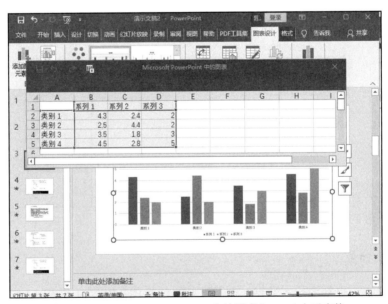

图 9-16　"Microsoft PowerPoint 中的图表"Excel 电子表格

（3）在该电子表格中输入相应的数据，即可把根据这些数据生成的图表插入到幻灯片中，如图 9-17 所示。

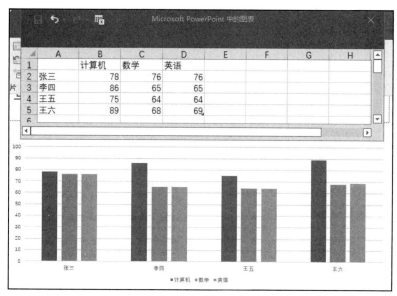

图 9-17　数据与生成的图表

要编辑图表，只需双击该图表即可弹出"设置绘图区格式"任务窗格，如图 10-17 所示，在该任务窗格中，可以对填充、边框、阴影、发光、柔化边缘、三维格式进行修改。

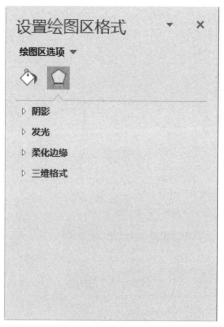

图 9-18　"设置绘图区格式"任务窗格

如果要更改图表的类型，重新编辑数据，则在图表中右击，在弹出的快捷菜单中选择相应的命令，如图 9-19 所示。

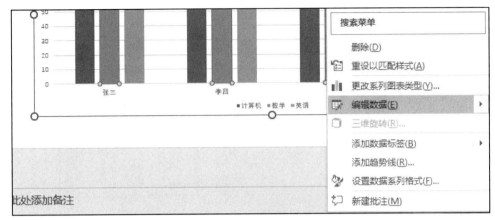

图 9-19　图表的快捷菜单

9.2.5　SmartArt 图形对象

从 Office 2007 开始，包括 Office 2010、Office 2016 等，Office 提供了一种全新的 SmartArt 图形，用来取代以前的组织结构图。SmartArt 图形是信息和观点的视觉表示形式。可以通过从多种不同布局中进行选择来创建 SmartArt 图形，从而快速、轻松、有效地传达信息。创建 SmartArt 图形时，系统将提示您选择一种 SmartArt 图形类型，例如"流程""循环""层次结构"或"关系"等。

在 PowerPoint 2016 中，可直接向幻灯片中插入 SmartArt 图形，也可在带有表格占位符版式的幻灯片中插入 SmartArt 图形。在选择了包含有表格占位符版式的幻灯片中插入 SmartArt 图形，只需单击"插入 SmartArt 图形"按钮，弹出"选择 SmartArt 图形"对话框，如图 9-20 所示。

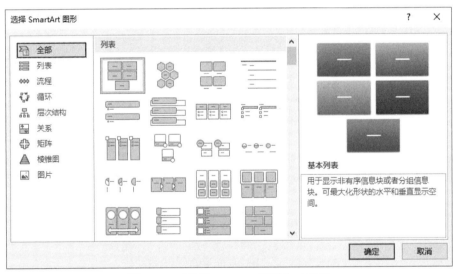

图 9-20　"选择 SmartArt 图形"对话框

在"选择 SmartArt 图形"对话框列表中选择一种图示类型，单击"确定"按钮完成插入，接下来可以在插入的 SmartArt 图形中键入文字，如图 9-21 所示。

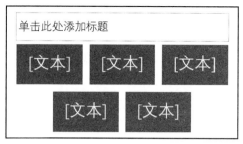

图 9-21　SmartArt 图形

9.2.6　艺术字对象

在 PowerPoint 2016 中，可直接向幻灯片中插入艺术字。

选定要插入艺术字的幻灯片，单击"插入"选项卡"文本"组中的"艺术字"下拉按钮，选定一种艺术字即可插入，如图 9-22 所示。

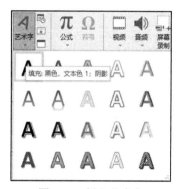

图 9-22　插入艺术字

如同 Word 2016 一样，PowerPoint 2016 还可插入形状、公式等，如图 9-23 所示。

图 9-23　"插入"选项卡的各种对象

9.2.7　幻灯片中对象的定位与调整

对象是表、图表、图形、等号或其他形式的信息。

1. 选取对象

（1）选取一个对象：单击对象的选择边框。

（2）选取多个对象：按住 Shift 键的同时单击每个对象。

2. 移动对象

选取要移动的对象，将对象拖动到新位置，若要限制对象使其只进行水平或垂直移动，请在拖动对象时按住 Shift 键。

3. 改变对象叠放层次

添加对象时，它们将自动叠放在单独的层中。当对象重叠在一起时用户将看到叠放次序，上层对象会覆盖下层对象上的重叠部分。右击某一对象，在弹出的快捷菜单中指向"置于顶层"，会弹出子菜单"置于顶层"和"上移一层"；如果指向"置于底层"则会弹出子菜单"置于底层"和"下移一层"，通过这些命令可以调整对象的叠放层次，如图 9-24 所示。也可以选中对象以后，单击"开始"选项卡"绘图"组中的"排列"下拉按钮，在弹出的下拉列表中选择相应的命令，如图 9-25 所示。

图 9-24　改变对象叠放层次

4. 等距离排列对象

选取至少三个要排列的对象，单击"开始"选项卡"绘图"组中的"排列"下拉按钮，如图 9-25 所示。然后指向"对齐"命令，在弹出的级联菜单中进行相应的选择，如图 9-26 所示。

图 9-25　"绘图"组"排列"下拉列表

图 9-26　"对齐"命令

5. 组合和取消组合对象

用户可以将几个对象组合在一起，以便能够像使用一个对象一样地使用它们，用户可以将组合中的所有对象作为一个对象来进行翻转、旋转、调整大小或缩放等操作，还可以同时更改组合中所有对象的属性。

（1）组合对象。选择要组合的对象（按住 Ctrl 键依次单击要选择的对象），打开"绘图工具/形状格式"上下文选项卡，单击"排列"组中的"组合"下拉按钮，在弹出的下拉列表中选择"组合"命令，如图 9-27 所示。

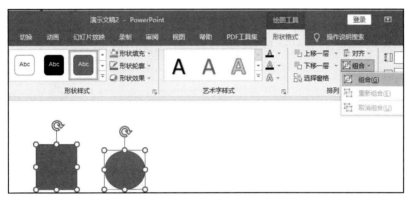

图 9-27　"组合"命令

（2）取消组合对象。选择要取消组合的组，打开"绘图工具/形状格式"上下文选项卡，单击"排列"组中的"组合"下拉按钮，在弹出的下拉列表中选择"取消组合"命令。

（3）重新组合对象。选择先前组合的任意一个对象，打开"绘图工具/形状格式"上下文选项卡，单击"排列"组中的"组合"下拉按钮，在弹出的下拉列表中选择"重新组合"命令。

9.2.8　页眉、页脚、编号和页码的插入

单击"插入"选项卡"文本"组中的"页眉和页脚"按钮，弹出如图 9-28 所示的"页眉和页脚"对话框。

图 9-28　"页眉和页脚"对话框

1. "幻灯片"选项卡

"幻灯片包含内容"选项组用来定义每张幻灯片下方显示的日期、时间、幻灯片编号和页脚，其中"日期和时间"复选框下包含两个按钮，如果选中"自动更新"单选按钮，则显示在幻灯片下方的时间随计算机当前时间自动变化，如果选中"固定"单选按钮，则可以输入一个固定的日期和时间。

"标题幻灯片中不显示"复选框可以控制是否在标题幻灯片中显示其上方所定义的内容。

选择完毕，可单击"全部应用"按钮或"应用"按钮。

2. "备注和讲义"选项卡

"备注和讲义"选项卡主要用于设置供演讲者备注使用的页面要包含的内容，如图 9-29 所示。在此选项卡设置的内容只有在幻灯片以备注和讲义的形式进行打印时才有效。

图 9-29   "备注和讲义"选项卡

选择完毕，单击"全部应用"按钮用于将设置的信息应用于当前演示文稿中的所有备注和讲义。

9.2.9   影片和声音对象

PowerPoint 2016 提供在幻灯片放映时播放音乐、声音和影片功能。用户可以将声音和影片置于幻灯片中，这些影片和声音既可以是来自文件的，也可以是来自 PowerPoint 2016 系统所自带的剪辑管理器。在幻灯片中插入影片和声音的具体操作如下：

1. 插入声音文件

在"普通"视图下，选中要插入声音文件的幻灯片。单击"插入"选项卡"媒体"组中的"音频"下拉按钮。选择"PC 上的音频"命令，在弹出的"插入音频"对话框中找到所需声音文件，单击"插入"按钮即可。

此时，幻灯片中显示出一个小喇叭符号，如图 9-30 所示，表示在此处已经插入一个音频。

图 9-30　幻灯片中的图标

点中小喇叭图标，功能区出现"音频工具"选项卡，单击"播放"选项卡，即可以对播放的时间、循环等进行设置，如图 9-31 所示。

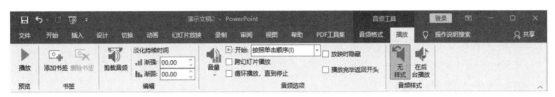

图 9-31　音频工具的"播放"选项卡

2．录音

在 PowerPoint 2016 中，用户可以记录声音到单张幻灯片。

在"普通"视图下，选择要添加声音的幻灯片。单击"插入"选项卡"媒体"组中的"音频"下拉按钮，选择"录制音频"命令，如图 9-32 所示，出现"录制声音"对话框，如图 9-33 所示。

图 9-32　"录制音频"命令

图 9-33　"录制声音"对话框

单击"录音"按钮录音，完成时单击"停止"按钮。在"名称"文本框中输入录下的声音文件名称，单击"确定"按钮，幻灯片上会出现一个声音图标。

3．插入影片

在幻灯片中插入影片的方法与插入声音文件类似。单击"插入"选项卡"媒体"组中的"视频"下拉按钮。选择"此设备"命令，在弹出的"插入视频文件"对话框中找到所需视频文件，单击"插入"按钮即可。

此时，系统会将影片文件以静态图片的形式插入到幻灯片中，只有进行幻灯片放映才能看到影片真实的动态效果。

9.3　应用案例——演示文稿创建

插入素材中的图片与文本内容，制作夏令营活动的演示文稿。

9.3.1　案例描述

小明加入了学校的旅游社团组织，正在参与组织暑期到台湾日月潭的夏令营活动，现在需要制作一份关于日月潭的演示文稿。根据以下要求，并参考"参考图片.docx"文件中的样例效果，完成演示文稿的制作。

（1）新建一个空白演示文稿，命名为"PPT.pptx"（".pptx"为扩展名），并保存。

（2）演示文稿包含 8 张幻灯片，第 1 张版式为"标题幻灯片"，第 2、第 3、第 5 和第 6 张为"标题和内容"版式，第 4 张为"两栏内容"版式，第 7 张为"仅标题"版式，第 8 张为"空白"版式；每张幻灯片中的文字内容可以从"素材"文件夹下的"PPT_素材.docx"文件中找到，并参考样例效果将其置于适当的位置；对所有幻灯片应用名称为"电路"的内置主题；将所有文字的字体统一设置为"幼圆"。

（3）在第 1 张幻灯片中，参考样例将"素材"文件夹下的"图片 1.jpg"插入到适合的位置，并应用恰当的图片效果。

（4）将第 2 张幻灯片中标题下的文字转换为 SmartArt 图形，布局为"垂直曲形列表"，并应用"白色轮廓"的样式，字体为"幼圆"。

（5）将第 3 张幻灯片中标题下的文字转换为表格，表格的内容参考样例文件，取消表格的标题行和镶边列样式，并应用镶边行样式；表格单元格中的文本水平和垂直方向都居中对齐，中文设为"幼圆"字体，英文设为 Arial 字体。

（6）在第 4 张幻灯片的右侧，插入"素材"文件夹下名为"图片 2.jpg"的图片，并应用"圆形对角，白色"的图片样式。

（7）参考样例文件效果，调整第 5 和第 6 张幻灯片标题下文本的段落间距，并添加或取消相应的项目符号。

（8）在第 5 张幻灯片中，插入"素材"文件夹下的"图片 3.jpg"和"图片 4.jpg"，参考样例文件，将它们置于幻灯片中适合的位置；将"图片 4.jpg"置于底层。

（9）在第 6 张幻灯片的右上角插入"素材"文件夹下的"图片 5.gif"，并将其到幻灯片上侧边缘的距离设为 0 厘米。

（10）在第 7 张幻灯片中，插入"素材"文件夹下的"图片 6.jpg""图片 7.jpg"和"图片 8.jpg"，参考样例文件，为其添加适当的图片效果并进行排列，将它们顶端对齐；在幻灯片右上角插入"素材"文件夹下的"图片 9.gif"，并将其顺时针旋转 300 度。

（11）为文本框添加白色填充色和透明效果。

9.3.2　案例操作步骤

1．新建一个空白演示文稿

（1）在"素材"文件夹下右击，在弹出的快捷菜单中选择"新建"命令，在右侧出现的级联菜单中选择"PPTX 演示文稿"命令。

（2）将文件名重命名为"PPT"。

2．新建不同版式的幻灯片

（1）打开"PPT.pptx"文件。

（2）单击"开始"选项卡"幻灯片"组中的"新建幻灯片"下拉按钮，在下拉列表中选择"标题幻灯片"命令。根据题目的要求，建立剩下的 7 张幻灯片（此处注意新建幻灯片的版式）。

（3）打开"PPT_素材.docx"文件，按照素材中的顺序依次将各张幻灯片的内容复制到"PPT.pptx"对应的幻灯片中去。

（4）选中第 1 张幻灯片，单击"设计"选项卡"主题"组"样式"列表框中的内置主题样式"电路"。

（5）将幻灯片切换到"大纲视图"，在左窗格中，使用 Ctrl+A 组合键将所有内容全部选定，单击"开始"选项卡"字体"组中的"字体"下拉按钮，在下拉列表中选择"幼圆"字体，设置完成后切换回"普通"视图。

3．插入图片并设置效果

（1）选中第 1 张幻灯片，单击"插入"选项卡"图像"组"图片"下拉列表中的"此设备"命令，浏览"素材"文件夹，选择"图片 1.jpg"文件，单击"插入"按钮。

（2）选中"图片 1.jpg"图片文件，根据"参考图片.docx"文件的样式适当调整图片文件的大小和位置。

（3）选择图片，单击"图片工具/图片格式"上下文选项卡"图片样式"组中的"图片效果"下拉按钮，在下拉列表中选择"柔化边缘"选项，在右侧出现的级联菜单中选择"柔化边缘选项"命令，如图 9-34 所示。

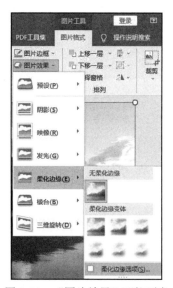

图 9-34　"图片效果"下拉列表

（4）弹出"设置图片格式"任务窗格，在"柔化边缘"组中设置"柔化边缘"大小为"30磅"，效果如图 9-35 所示。

4．将文本框转换成 SmartArt 图形

（1）选中第 2 张幻灯片下的内容文本框，单击"开始"选项卡"段落"组中的"转换为SmartArt 图形"下拉按钮，在下拉列表中选择"其他 SmartArt 图形"命令，弹出"选择 SmartArt图形"对话框，在左侧的列表框中选择"列表"选项，在右侧的列表框中选择"垂直曲形列表"样式，单击"确定"按钮，效果如图 10-36 所示。

图 9-35   图片"柔化边缘"后效果图

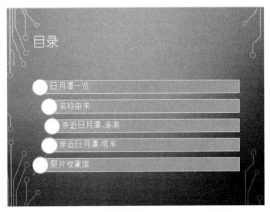

图 9-36   文本框转换为 SmartArt 图形

（2）选择"SmartArt 工具/SmartArt 设计"上下文选项卡"SmartArt 样式"组中的"白色轮廓"样式，如图 9-37 所示。

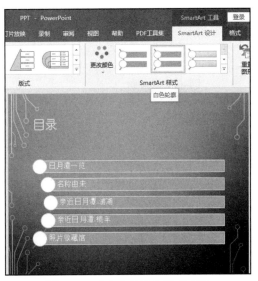

图 9-37   "白色轮廓"样式应用

（3）选中 5 个列表标题文本框，单击"开始"选项卡"字体"组中的"字体"下拉按钮，在下拉列表中选择"幼圆"字体。

5. 插入表格

（1）选中第 3 张幻灯片。

（2）单击"插入"选项卡"表格"组中的"表格"下拉按钮，在下拉列表中使用鼠标拖选 4 行 4 列的表格样式，如图 9-38 所示。

（3）选中表格对象，取消勾选"表格工具/表设计"选项卡"表格样式选项"组中的"标题行"和"镶边行"复选框，勾选"镶边列"复选框，如图 9-39 所示。

图 9-38　"表格"下拉列表　　　　　图 9-39　"表格样式选项"组

（4）参考"参考图片.docx"文件的样式，将文本框中的文字复制粘贴到表格对应的单元格中。

（5）选中表格中的所有内容，单击"开始"选项卡"段落"组中的"居中"按钮。选中表格对象并右击，在弹出的快捷菜单中选择"设置形状格式"命令，弹出"设置形状格式"任务窗格，单击"文本选项"按钮，在"文本框"组的"垂直对齐方式"列表框中选择"中部对齐"选项。

（6）删除幻灯片中的内容文本框，并调整表格的大小和位置使其与参考图片文件相同。

（7）选中表格中的所有内容，单击"开始"选项卡"字体"组右下角的"对话框启动器"按钮，在弹出的"字体"对话框中设置"西文字体"为 Arial，设置"中文字体"为"幼圆"，单击"确定"按钮。

6. 利用占位符插入图片并设置样式

（1）选中第 4 张幻灯片。

（2）单击右侧的"图片"占位符按钮，弹出"插入图片"对话框，在"素材"文件夹下选择图片文件"图片 2.jpg"，单击"插入"按钮，效果如图 9-40 所示。

（3）选中图片，单击"图片工具/图片格式"上下文选项卡"图片样式"组"其他"下拉列表中的"圆形对角，白色"样式，如图 9-41 所示。

图 9-40　占位符"插入图片"

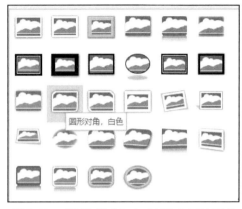

图 9-41　"图片样式"中"其他"下拉列表

7．幻灯片中段落格式设置

（1）选中第 5 张幻灯片。

（2）将光标置于标题下第一段中，单击"开始"选项卡"段落"组中的"项目符号"下拉按钮，在弹出的下拉列表中选择"无"选项。

（3）将光标置于第二段中，单击"开始"选项卡"段落"组中的"对话框启动器"按钮，弹出"段落"对话框，在"缩进和间距"选项卡中将"段前"设置为"25 磅"，单击"确定"按钮。

（4）按照上述同样的方法调整第 6 张幻灯片。

8．插入图片和图形

（1）选中第 5 张幻灯片。

（2）单击"插入"选项卡"图像"组"图片"下拉列表中的"此设备"命令，弹出"插入图片"对话框，浏览"素材"文件夹，插入"图片 3.jpg"文件。

（3）按照同样的方法，插入"素材"文件夹下的"图片 4.jpg"文件。

（4）选中"图片 4.jpg"文件并右击，在弹出的快捷菜单中选择"置于底层"命令，在级联菜单中选择"置于底层"命令。

（5）参考"参考样例"文件，调整两张图片的位置。

（6）单击"插入"选项卡"插图"组中的"形状"下拉按钮，在下拉列表中选择"标注"组中的"对话气泡：椭圆形"形状，在图片合适的位置上按住鼠标左键不松，绘制图形。

（7）选中"椭圆形"标注图形，单击"绘图工具/形状格式"上下文选项卡"形状样式"组中的"形状填充"下拉按钮，在下拉列表中选择"无填充"命令。在"形状轮廓"下拉列表中选择"虚线"→"短划线"命令。

（8）选中"椭圆形"标注图形并右击，在弹出的快捷菜单中选择"编辑文字"命令，选择字体颜色为"蓝色"，向形状图形中输入文字"开船啰！"，继续选中该图形，单击"图片格式"选项卡"排列"下拉列表中的"旋转"命令，在级联菜单中选择"水平翻转"命令。

9．插入图片到第 6 张幻灯片

（1）选中第 6 张幻灯片。

（2）单击"插入"选项卡"图像"组"图片"下拉列表中的"此设备"命令，弹出"插入图片"对话框，浏览"素材"文件夹，插入"图片 5.gif"文件。

（3）选中幻灯片中的"图片 5.gif"，单击"图片工具/图片格式"上下文选项卡"排列"组中的"对齐"下拉按钮，在下拉列表中选择"顶端对齐"和"右对齐"命令，适当调整图片的大小。

10. 插入图片到第 7 张幻灯片

（1）选中第 7 张幻灯片。

（2）单击"插入"选项卡"图像"组"图片"下拉列表中的"此设备"命令，弹出"插入图片"对话框，在"素材"文件夹选择"图片 6.jpg"文件，单击"打开"按钮。

（3）按照同样的方法插入"图片 7.jpg"文件和"图片 8.jpg"文件。

（4）按住 Ctrl 键依次单击选中三张图片，单击"图片工具/图片格式"上下文选项卡"图片样式"组中的"图片效果"下拉按钮，在下拉列表中选择"映像"→"紧密映像，接触"按钮，如图 9-42 所示。

图 9-42　"图片效果"下拉列表

（5）按住 Ctrl 键依次单击选中三张图片，单击"图片工具/图片格式"上下文选项卡"排列"组中的"对齐"下拉按钮，在下拉列表中选择"顶端对齐"和"横向分布"命令。

（6）单击"插入"选项卡"图像"组"图片"下拉列表中的"此设备"命令，弹出"插入图片"对话框，在"素材"文件夹下选择"图片 9.gif"文件，单击"插入"按钮。

（7）选中"图片 9.gif"，单击"图片工具/图片格式"上下文选项卡"排列"组中的"对齐"下拉按钮，在下拉列表中选择"顶端对齐"和"右对齐"命令；单击"大小"组中的"对话框启动器"按钮，弹出"设置图片格式"任务窗格，单击"大小与属性"按钮，在"大小"选项组中，设置"旋转"角度为"300"。

11. 文本框的设置

（1）选中第 8 张幻灯片。

（2）选中幻灯片中的文本框，单击"绘图工具/形状格式"上下文选项卡"艺术字样式"组中的"艺术字样式"列表框，选择"填充：白色，文本色 1；阴影"样式，切换到"开始"

选项卡，在"字体"组中设置字体为"幼圆"，字号为"48"。

（3）选中幻灯片中的文本框，单击"开始"选项卡"段落"组中的"居中"按钮。

（4）选中幻灯片中的文本框，单击"绘图工具/形状格式"上下文选项卡，在"形状样式"组中，单击"形状填充"下拉按钮，在下拉列表中选择"主题颜色"→"白色，文字1"命令，再次单击"形状填充"下拉按钮，在下拉列表中选择"其他填充颜色"命令，弹出"颜色"对话框，在"标准"选项卡下，拖动下方的"透明度"滑块，使右侧的比例值显示为50%，单击"确定"按钮。

习题 9

一、思考题

1．如何创建演示文稿？描述具体方法与操作过程。

2．如何插入文本框？

3．如何插入页眉页码？

二、操作题

1．打开素材文件"9.pptx"演示文稿，完成如下操作：

（1）插入新幻灯片，版式为"标题幻灯片"。

（2）在"标题"占位符中输入"大学计算机"。

（3）在"副标题"占位符中输入"幻灯片制作"。

（4）把演示文稿另存为"9_1.pptx"。

2．打开素材文件"9.pptx"演示文稿，完成如下操作：

（1）插入新幻灯片，版式为"标题和内容"。

（2）在"标题"占位符中输入"大学计算机"。

（3）在"插入表格"占位符中插入一个3行4列的表格。

（4）把演示文稿另存为"9_2.pptx"。

3．打开素材文件"9.pptx"演示文稿，完成如下操作：

（1）插入新幻灯片，版式为"空白"。

（2）插入横排文本框"大学计算机"。

（3）插入任意一幅联机图片。

（4）把演示文稿另存为"9_3.pptx"。

第10章　PowerPoint 演示文稿外观设计

　　演示文稿内容编辑实现了幻灯片内容的输入以及幻灯片各种对象的插入，而利用幻灯片主题设置、幻灯片背景设置、幻灯片母版设计等功能对整个幻灯片进行统一的调整，能够在较短的时间内制作出风格统一、画面精美的幻灯片。

　　本章知识要点包括演示文稿幻灯片的主题设置；演示文稿幻灯片的背景设置；演示文稿幻灯片的母版设计。

10.1　幻灯片的主题设置

　　为幻灯片应用不同的主题配色方案，可以增强演示文稿的表现力。PowerPoint 提供大量的内置主题方案可供选择，必要时还可以自己设计背景颜色、字体搭配以及其他展示效果。

10.1.1　应用内置主题方案

　　打开"设计"选项卡，在"主题"组中选择所需要的主题。如果主题列表中没有所需要的主题，则单击主题列表右边的下拉按钮，如图 10-1 所示，弹出"其他"下拉列表，在其中选择所需要的主题，如图 10-2 所示。

图 10-1　"设计"选项卡"主题"组

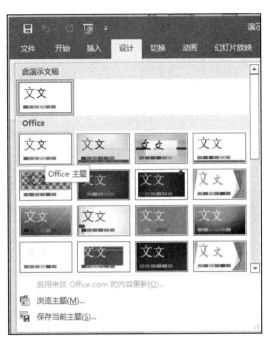

图 10-2　"所有主题"下拉列表

　　如果在列表中还未找到合适的主题，则在列表底部单击"浏览主题"命令，则可打开"选择主题或主题文档"对话框，在此对话框中用户可选择更多的主题。

10.1.2　创建新主题

　　打开现有或新建一个演示文稿，作为新建主题的基础，更改演示文稿的设置以符合要求。打开"设计"选项卡，单击"主题"组中主题列表右边的下拉按钮，弹出"其他"下拉列表，然后单击"其他"下拉列表中"保存当前主题"命令。

10.2　幻灯片的背景设置

　　在 PowerPoint 中，没有应用设计模版的幻灯片背景默认是白色的，为了丰富演示文稿的视觉效果，用户可以根据需要为幻灯片添加合适的背景颜色，设置不同的填充效果，也可以在已经应用了设计模板的演示文稿中修改其中个别幻灯片的背景。PowerPoint 2016 提供了多种幻灯片的填充效果，包括渐变、纹理、图案和图片。

10.2.1　设置幻灯片的背景颜色

　　操作步骤如下：

　　（1）打开"设计"选项卡，单击"自定义"组中的"设置背景格式"按钮；或者在幻灯片空白处右击，在弹出的快捷菜单中单击"设置背景格式"命令，打开"设置背景格式"任务窗格，如图 10-3 所示。

　　（2）选中"纯色填充"单选按钮，单击"颜色"下拉按钮，弹出下拉列表，选择所需要的颜色。

图 10-3　"设置背景格式"任务窗格

10.2.2　设置幻灯片背景的填充效果

幻灯片背景的填充效果

操作步骤如下：

（1）渐变填充。打开如图 10-3 所示的"设置背景格式"任务窗格，选中"渐变填充"单选按钮，可在该窗格进行颜色、类型、方向、角度、渐变光圈等的设置，如图 10-4 所示。

（2）图片或纹理填充。打开如图 10-3 所示的"设置背景格式"任务窗格，选中"图片或纹理填充"单选按钮，在该窗格中可以选择纹理来填充幻灯片。单击"插入图片来自"下方的"文件"按钮，则可以插入文件作为填充图案。如图 10-5 所示。

图 10-4　渐变填充

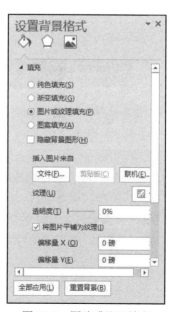

图 10-5　图片或纹理填充

如果要将设置的背景应用于演示文稿中所有的幻灯片，则单击"全部应用"按钮。

10.3 幻灯片母版设计

　　演示文稿的每一张幻灯片都有两个部分：一个是幻灯片本身，另一个是幻灯片母版，这两者就像两张透明的胶片叠放在一起，上面的一张就是幻灯片本身，下面的一张就是母版。在幻灯片放映时，母版是固定的，更换的是上面的一张。PowerPoint 提供了 3 种母版，分别是幻灯片母版、讲义母版和备注母版。

10.3.1 幻灯片母版

编辑母版

　　　　　　　幻灯片母版是所有母版的基础，通常用来统一整个演示文稿的幻灯片格式。它控制除标题幻灯片之外演示文稿的所有默认外观，包括讲义和备注中的幻灯片外观。幻灯片母版控制文字格式、位置、项目符号的字符、配色方案、图形项目。

　　单击"视图"选项卡"母版视图"组中的"幻灯片母版"按钮，打开"幻灯片母版"视图，同时屏幕上显示出"幻灯片母版视图"选项卡，如图 10-6、图 10-7 所示。

图 10-6　"幻灯片母版"视图

图 10-7　"幻灯片母版"选项卡

　　在其中对幻灯片的母版进行修改和设置。默认的幻灯片母版有 5 个占位符，即标题区、对象区、日期区、页脚区和数字区。在"标题区"和"对象区"中添加的文本不在幻灯片中显示，在"日期区""页脚区"和"数字区"中添加文本会给基于此母版的所有幻灯片添加这些文本。全部修改完成后，单击"幻灯片母版视图"工具条中的"关闭母板视图"按钮退出，制作"幻灯片母版"完成。

10.3.2 讲义母版

　　讲义母版用于控制幻灯片按讲义形式打印的格式，可设置一页中的幻灯片数量、页眉格式等。讲义只显示幻灯片而不包括相应的备注。

显示讲义母版的方法为：单击"视图"选项卡"母版视图"组中的"讲义母版"按钮，打开"讲义母版"视图的同时显示出"讲义母版"选项卡。可以设置每页讲义容纳的幻灯片数目，如图 10-8 所示，设置为 6 页。

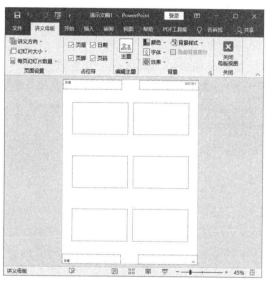

图 10-8　讲义母版

10.3.3　备注母版

每一张幻灯片都可以有相应的备注。用户可以为自己创建备注或为观众创建备注，还可以为每一张幻灯片打印备注。备注母版用于控制幻灯片按备注页形式打印的格式。单击"视图"选项卡"母版视图"组中的"备注母版"按钮，打开"备注母版"视图，同时屏幕上显示出"备注母版"选项卡，如图 10-9 所示。

图 10-9　"备注母版"选项卡

10.4　应用案例——演示文稿外观设计

幻灯片制作好后，对其外观进行设计，使其外观风格统一，画面精美。

10.4.1　案例描述

对"中秋诗词选.pptx"演示文稿按如下要求进行外观设计：

（1）把"标题幻灯片"的母版标题样式设置为"华文隶书""红色"。

（2）为所有幻灯片应用"素材"文件夹中的主题"Moban03.potx"。

（3）为第1张幻灯片设置"蓝色面巾纸"纹理背景。

（4）为第3张幻灯片设置"zq.jpg"图片文件背景。

10.4.2　案例操作步骤

1．设置母版样式

（1）在"视图"选项卡下，单击"母版视图"组中的"幻灯片母版"按钮。

（2）单击"标题幻灯片"母版，选定"单击此处编辑母版标题样式"。

（3）在"开始"选项卡下，单击"字体"组中的"字体"下拉按钮，在下拉列表中选择"华文隶书"选项，单击"字体颜色"下拉按钮，在下拉列表中选择"标准色"→"红色"命令。切换到"幻灯片母版"选项卡，效果如图10-10所示。

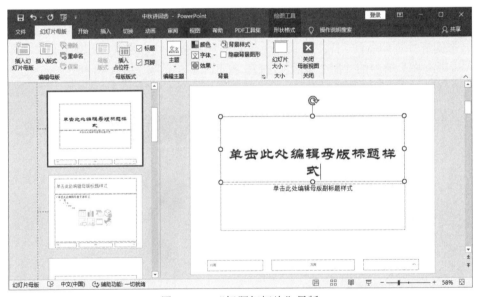

图10-10　"标题幻灯片"母版

（4）在"幻灯片母版"选项卡下，单击"关闭"组中的"关闭母版视图"按钮。

2．应用主题

（1）在"设计"选项卡下，单击"主题"组中的"其他"下拉按钮，在弹出的下拉列表中单击"浏览主题"命令。

（2）弹出如图 10-11 所示的"选择主题或主题文档"对话框，单击主题文件"Moban03.potx"，单击"应用"按钮。

图 10-11　"选择主题或主题文档"对话框

3．设置纹理背景

（1）单击第 1 张幻灯片。打开"设计"选项卡，单击"自定义"组中的"设置背景格式"按钮；或者在幻灯片空白处右击，在弹出的快捷菜单中选择"设置背景格式"命令，打开"设置背景格式"任务窗格。

（2）选中"图片或纹理填充"单选按钮，单击"纹理"下拉按钮，在弹出下拉列表中选择"蓝色面巾纸"选项，如图 10-12 所示，应用于本张幻灯片，如果单击"应用到全部"按钮则应用于所有幻灯片。

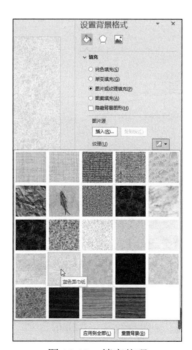

图 10-12　填充纹理

4．设置图片文件作背景

（1）右击第 3 张幻灯片，在弹出的快捷菜单中选择"设置背景格式"命令，打开"设置背景格式"任务窗格。

（2）选中"图片或纹理填充"单选按钮，单击"插入"按钮，单击"从文件"，弹出"插入图片"对话框，选择"素材"文件夹下的图片文件，如图 10-13 所示。单击"插入"按钮。

图 10-13　"插入图片"对话框

习题 10

一、思考题

1．如何应用"主题"？
2．如何设置幻灯片的背景颜色？
3．什么是幻灯片母版？

二、操作题

1．打开素材文件"10.pptx"演示文稿，完成如下操作：
（1）设置第 1 张幻灯片主题为"暗香扑面"。
（2）设置第 2 张幻灯片主题为"波形"。
（3）设置第 3、4 张幻灯片主题为"龙腾四海"。
（4）把演示文稿另存为"10_1.pptx"。

2．打开素材文件"10.pptx"演示文稿，完成如下操作：
（1）设置第 1 张幻灯片背景为：纯色填充，"绿色"。
（2）设置第 2 张幻灯片背景为：渐变填充，"茵茵绿原"。
（3）设置第 3、4 张幻灯片背景为：纹理，"画布"。
（4）把演示文稿另存为"10_2.pptx"。

3．打开素材文件"10.pptx"演示文稿，完成如下操作：

（1）设置第 1 张幻灯片的母版，标题为黑体红色，副标题为华文隶书绿色。

（2）设置第 2 张幻灯片的母版，标题为加粗倾斜。

（3）设置第 3 张幻灯片的母版，背景为：渐变填充，"雨后初晴"。

（4）把演示文稿另存为"10_3.pptx"。

第 11 章　PowerPoint 演示文稿交互设计

在幻灯片制作中，不仅需要合理设计每一张幻灯片的内容和布局，还需要设置幻灯片的放映效果，使幻灯片放映过程既能突出重点，吸引观众的注意力，又富有趣味性。在 PowerPoint 中，演示文稿的放映效果设计包括对象的动画设置、超级链接的设置和动作按钮的设置，以及幻灯片的切换设置。

本章知识要点包括演示文稿的动画设置；演示文稿的幻灯片切换设置；演示文稿的超级链接和动作按钮的设置。

动画效果

11.1　对象动画设置

为了使幻灯片放映时引人注意、更具视觉效果，在 PowerPoint 2016 中可以给幻灯片中的文本、图形、图表及其他对象添加动画效果、超级链接和声音。本节主要介绍在 PowerPoint 2016 中创建对象动画的基本方法。

在 PowerPoint 2016 中，进行动画设置可以使幻灯片上的文本、形状、声音、图像和其他对象动态显示，这样就可以突出重点，控制信息的流程，并提高演示文稿的趣味性。

动画设置主要有两种情况：一是动画设置，为幻灯片内的各种元素，如标题、文本、图片等设置动画效果；二是幻灯片切换动画，可以设置幻灯片之间的过渡动画。

1. 动画设置

用户可以利用动画设置为幻灯片内的文本、图片、艺术字、SmartArt 图形、形状等对象设置动画效果，灵活控制对象的播放。

选取需要设置动画的对象，单击"动画"选项卡"动画"组右边的"其他"下拉按钮，在下拉列表中选择所需要的动画效果，选中动画以后，再单击"效果选项"按钮，不同类型的动画有不同的效果选项，如选择"彩色脉冲"动画，则会有如图 11-1 所示的效果选项。

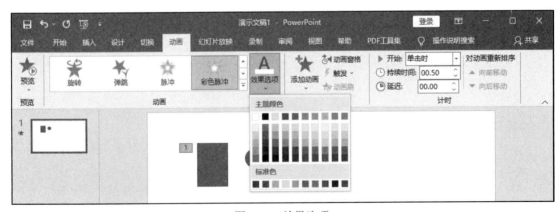

图 11-1　效果选项

单击"动画"选项卡"动画"组右边的"其他"下拉按钮，会弹出如图 11-2 所示的更多动画效果列表，各种动画分成"进入""强调""退出""动作路径"四大类。如果在列表中没有找到所需要的动画效果，可以选择"更多进入效果""更多强调效果""更多退出效果""其他动作路径"命令。

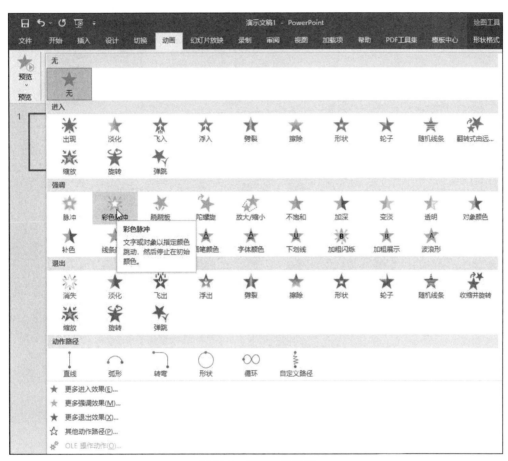

图 11-2　更多动画效果

注：动画设置中"进入""强调""退出"表示什么意思呢？进入某一张幻灯片后，原来没有那个对象了，单击鼠标（或者其他操作）后对象以某种动画形式出现了，这叫作"进入"；再单击一下鼠标，对象再一次以某种动画形式变换一次，这叫作"强调"；再单击鼠标，对象以某种动画形式从幻灯片中消失，这叫作"退出"。

2. 动画顺序的设置

进行动画设置后，每个添加了效果的对象左上角都有一个编号，代表着幻灯片中各对象出现的顺序。如果要改变各动画的出场顺序，则单击"动画"选项卡"高级动画"组中的"动画窗格"按钮，如图 11-3 所示，会弹出"动画窗格"任务窗格，如图 11-4 所示。在任务窗格中选中动画，单击上箭头 ▲ 或下箭头 ▼ 进行调整。还可选择要修改动画效果的对象，单击右侧的下拉箭头，打开如图 11-5 所示的下拉菜单。

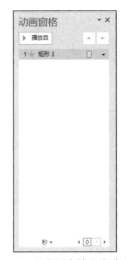

图 11-3　高级动画功能区　　　图 11-4　"动画窗格"任务窗格　　　图 11-5　"动画顺序"列表下拉菜单

单击"效果选项"命令，打开效果设置的对话框，如图 11-6 所示。

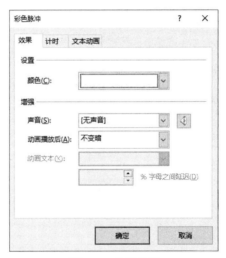

图 11-6　效果设置

其中，"效果"选项卡可对其"声音""动画播放后"等进行设置。

幻灯片切换

11.2　幻灯片切换设置

切换效果是指幻灯片放映时切换幻灯片的特殊效果。在 PowerPoint 2016 中，可以为每一张幻灯片设置不同的切换效果使幻灯片放映更加生动形象，也可以为多张幻灯片设置相同的切换效果。

在幻灯片浏览视图或其他视图中，选择要添加切换效果的幻灯片，如果要选中多张幻灯片，可以按住 Ctrl 键进行选择。单击"切换"选项卡"切换到此幻灯片"组中所需要的切换效果，如图 11-7 所示。

图 11-7　设置幻灯片切换效果

可以单击列表框右下角的"其他"下拉按钮，在弹出的下拉列表中选择所需要的切换效果，即可将其设置为当前幻灯片的切换效果。如果要进行进一步的设置，可以单击"效果选项"下拉按钮。

在"声音"下拉列表中选择合适的切换声音。在"计时"选项组中，选择"单击鼠标时"换片还是在上一幻灯片结束多长时间后自动换片。如果选择自动换片，则需要设置自动换片时间，如图 11-7 所示。

如果希望以上设置对所有幻灯片有效，则单击"应用到全部"按钮。

11.3　链接与导航设置

在 PowerPoint 2016 中，用户可以为幻灯片中的文本、图形和图片等可视对象添加动作或超链接，从而在幻灯片放映时单击该对象跳转到指定的幻灯片，增加演示文稿的交互性。

11.3.1　超链接

1．创建超级链接

选定要插入超链接的位置，单击"插入"选项卡"链接"组中的"链接"按钮，如图 11-8 所示；也可以在对象上右击，在弹出的快捷菜单中选择"超链接"命令，打开"插入超链接"对话框，如图 11-9 所示。

图 11-8　"链接"按钮

图 11-9　"插入超链接"对话框

在左侧的"链接到"区域中选择链接的目标。

（1）现有文件或网页：超链接到本文档以外的文件或者链接打开某个网页。

（2）本文档中的位置：超链接到"请选择文档中的位置"列表中所选定的幻灯片。

（3）新建文档：超链接到新建演示文稿。

（4）电子邮件地址：超链接到某个邮箱地址，如 syxysz16@163.com 等。

在"插入超链接"对话框中单击"屏幕提示"按钮，输入提示文字内容，放映演示文稿时在链接位置旁边显示提示文字。

2．编辑、删除超链接

当用户对设置的超链接不满意时，可以通过编辑、删除超链接来修改或更新。选中超链接对象并右击，在弹出的快捷菜单中，选择"编辑链接"或"删除链接"命令进行编辑和删除，如图 11-10 所示。

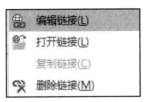

图 11-10　"超链接"快捷菜单

11.3.2　动作按钮

选中要插入动作按钮的幻灯片，单击"插入"选项卡"插图"组中的"形状"下拉按钮，单击"动作按钮"中的图形，如图 11-11 所示。这时鼠标变为"+"，拖动鼠标画出动作按钮。同时弹出"操作设置"对话框，如图 11-12 所示。

图 11-11　插入动作按钮　　　　　图 11-12　"操作设置"对话框

在"操作设置"对话框中设置单击鼠标时的动作，然后单击"确定"按钮关闭对话框。

11.4　应用案例——演示文稿交互设计

要设置幻灯片的放映效果，主要是对其中的对象进行动画、超链接、动作按钮的设置，以及对所有幻灯片进行切换的设置。

11.4.1　案例描述

在课程结业时，需要制作一份介绍第二次世界大战的演示文稿。参考"参考图片.docx"文件示例效果，完成演示文稿的制作。

（1）依据"文本内容.docx"文件中的文字创建共包含 14 张幻灯片的演示文稿，将其保存为"ppt.pptx"（"pptx"为扩展名），后续操作均基于此文件。

（2）为演示文稿应用自定义主题，主题文件名为"历史主题.thmx"，并按照表 11-1 要求修改幻灯片版式：

表 11-1　幻灯片版式要求

幻灯片编号	幻灯片版式
幻灯片 1	标题幻灯片
幻灯片 2～5	标题和文本
幻灯片 6～9	标题和图片
幻灯片 10～14	标题和文本

（3）除标题幻灯片外，将其他幻灯片的标题文本字体全部设置为微软雅黑、加粗；标题以外的内容文本字体全部设置为幼圆。

（4）设置标题幻灯片中的标题文本字体为方正姚体，字号为 60，并应用"靛蓝：个性色 2，深色 50%"的文本轮廓；在副标题占位符中输入"过程和影响"文本，适当调整其字体、字号和对齐方式。

（5）在第 2 张幻灯片中，插入"图片 1.png"图片，将其置于项目列表下方，并应用恰当的图片样式。

（6）在第 5 张幻灯片中，插入布局为"垂直框列表"的 SmartArt 图形，图形中的文字参考"文本内容.docx"文件；更改 SmartArt 图形的颜色为"彩色轮廓-个性色 6"；为 SmartArt 图形添加"淡化"的动画效果，并设置为在单击鼠标时逐个播放，再将包含战场名称的 6 个形状的动画延时修改为 1 秒。

（7）在第 6～9 张幻灯片的图片占位符中，分别插入"图片 2.png""图片 3.png""图片 4.png"和"图片 5.png"，并应用恰当的图片样式；设置第 6 张幻灯片中的图片在应用黑白模式显示时，以"黑中带灰"的形式呈现。

（8）适当调整第 10～14 张幻灯片中的文本字号；在第 11 张幻灯片文本的下方插入 3 个同样大小的"圆角矩形"形状，并将其设置为顶端对齐及横向均匀分布；在 3 个形状中分别输入文本"成立联合国""民族独立"和"两极阵营"，适当修改字体和颜色；然后为这 3 个形状插入超链接，分别链接到之后标题为"成立联合国""民族独立"和"两极阵营"的 3 张幻灯片；为这 3 个圆角矩形形状添加"劈裂"进入动画效果，并设置单击鼠标后从左到右逐个出现，每两个形状之间的动画延迟时间为 0.5 秒。

（9）在第 12～14 张幻灯片中，分别插入名为"转到开头"的动作按钮，设置动作按钮的高度和宽度均为 2 厘米，距离幻灯片左上角水平 1.5 厘米，垂直 15 厘米，并设置当鼠标移过该动作按钮时可以链接到第 11 张幻灯片；隐藏第 12～14 张幻灯片。

（10）除标题幻灯片外，为其余所有幻灯片添加幻灯片编号，并且编号值从 1 开始显示。

（11）为演示文稿中的全部幻灯片应用一种合适的切换效果，并将自动换片时间设置为 20 秒。

11.4.2　案例操作步骤

1．插入文本内容

（1）新建一个 PowerPoint 文件，并将该文件命名为"ppt"。

（2）打开新建的 PowerPoint 文件，单击"开始"选项卡"幻灯片"组中的"新建幻灯片"下拉按钮，在下拉列表中选择"幻灯片（从大纲）"，弹出"插入大纲"对话框，浏览文件夹，选中"文本内容.docx"素材文件，单击"插入"按钮。

2．主题文件应用

（1）选中第 1 张幻灯片，单击"设计"选项卡"主题"组右边的"其他"下拉按钮，在展开的下拉列表中选择"浏览主题"，弹出"选择主题或主题文档"对话框。

（2）浏览文件夹，选中"历史主题.thmx"素材文件，单击"应用"按钮。

（3）选中第 1 张幻灯片，单击"开始"选项卡"幻灯片"组中的"版式"下拉按钮，在下拉列表中选择"标题幻灯片"。

（4）按照同样的方法，将第 2～5 张幻灯片的版式设置为"标题和文本"；将第 6～9 张幻灯片的版式设置为"标题和图片"；将第 10～14 张幻灯片的版式设置为"标题和文本"。

3．母版设置

（1）单击"视图"选项卡"母版视图"组中的"幻灯片母版"按钮，切换到幻灯片母版视图。

（2）在左侧的母版中选择"标题和文本版式：由幻灯片 2-5，10-14 使用"，选定"单击此处编辑母版标题样式"，单击"开始"选项卡"字体"组中的"字体"下拉按钮，设置字体为"微软雅黑"，字形设置为"加粗"，同样方法，将下方内容文本框字体设置为"幼圆"。

（3）继续在左侧的母版中选择"标题和图片版式：由幻灯片 6-9 使用"，将右侧的"单击此处编辑母版标题样式"字体设置为"微软雅黑"，字形设置为"加粗"，将下方内容文本框字体设置为"幼圆"。

（4）设置完成后，关闭幻灯片母版视图。

（5）在第 2～14 张幻灯片上右击，从弹出的快捷菜单中选择"重设幻灯片"命令，应用字体格式。

4．文本框和艺术字设置

（1）选中第 1 张幻灯片的主标题文本框，单击"开始"选项卡"字体"组中的"字体"下拉按钮，将字体设置为"方正姚体"，将字号设置为"60"；功能区将出现"绘图工具/形状格式"上下文选项卡，单击"艺术字样式"组中的"文本轮廓"下拉按钮，在下拉列表中选择

"靛蓝：个性色 2，深色 50%"。

（2）在副标题文本框中输入文本"过程和影响"，适当设置字体、字号和对齐方式。

5．插入图片

（1）选中第 2 张幻灯片，打开"插入"选项卡，单击"图像"组中的"图片"下拉列表中的"此设备"命令，弹出"插入图片"对话框，浏览文件夹，选择"图片 1.png"文件，单击"插入"按钮。

（2）选中插入的图片对象，适当调整其大小与位置，使其位于项目列表下方。功能区将出现"图片工具/图片格式"上下文选项卡，在"图片样式"组中选择一种合适的图片样式。

6．文本转换为 SmartArt 图形

（1）选中第 5 张幻灯片中的内容文本框，单击"开始"选项卡"段落"组中的"转换为SmartArt 图形"下拉按钮，在下拉列表中选择"其他 SmartArt 图形"命令，弹出"选择 SmartArt图形"对话框，在左侧的列表框中选择"列表"，在右侧的列表框中选择"垂直框列表"，单击"确定"按钮。

（2）选中该 SmartArt 对象，功能区将出现"SmartArt 工具/SmartArt 设计"上下文选项卡，单击"SmartArt 样式"组中的"更改颜色"下拉按钮，在下拉列表中选择"彩色轮廓-个性色 6"。

（3）选中该 SmartArt 对象，单击"动画"选项卡"动画"组右侧的"其他"下拉按钮，在下拉列表中选择"进入/淡化"，单击"动画"组右侧的"效果选项"下拉按钮，在下拉列表中选择"逐个"。

（4）单击"高级动画"组中的"动画窗格"按钮，打开"动画窗格"任务窗格；然后选中第 1 个动画对象，在"计时"组中将"延迟"修改为"01.00"；按照同样的方法选中第 3、5、7、9、11 个动画对象，分别将"延迟"修改为"01.00"。

7．图片插入与格式调整

（1）选中第 6 张幻灯片，单击图片占位符中的"图片"按钮，弹出"插入图片"对话框，浏览文件夹，选中"图片 2.png"文件，单击"插入"按钮。

（2）选中插入的图片对象，功能区将出现"图片工具/图片格式"上下文选项卡，单击"图片样式"组中的"其他"下拉按钮，在下拉列表中选择"复杂框架，黑色"样式，适当调整图片大小及位置。

（3）单击"调整"组中的"颜色"下拉按钮，在下拉列表中选择"重新着色"→"灰度"。

（4）按照上述方法，在第 7、8、9 张幻灯片中分别插入"图片 3.png""图片 4.png"和"图片 5.Png"文件，并应用恰当的图片样式，适当调整图片大小和位置。

8．插入形状并设置动画

（1）分别选中第 10～14 张幻灯片中的内容文本框，单击"开始"选项卡"字体"组中的"字体"下拉按钮，设置文本字号，并适当调整文本框的大小，具体可参考"参考图片.docx"文档。

（2）选中第 11 张幻灯片，单击"插入"选项卡"插图"组中的"形状"下拉按钮，在下拉列表中选择"矩形"→"矩形：圆角"。

（3）参考"参考图片.docx"文档，在幻灯片中绘制一个圆角矩形形状，选中该形状对象，功能区将出现"绘图工具/形状格式"上下文选项卡，单击"形状样式"组中的"其他"下拉按钮，在下拉列表中选择一种样式。

（4）选中该形状对象，按住 Ctrl 健，然后使用鼠标左键拖动到该形状对象的右侧，按照同样的方法，再复制一个同样的形状对象。

（5）选中 3 个圆角矩形形状对象，功能区将出现"绘图工具/形状格式"上下文选项卡，单击"排列"组中的"对齐"下拉按钮，在下拉列表中选择"顶端对齐"命令；再次单击"对齐"下拉按钮，在下拉列表中选择"横向分布"命令。

（6）选中第 1 个圆角矩形对象并右击，在弹出的快捷菜单中选择"编辑文字"，在形状对象中输入文本"成立联合国"，适当修改字体和颜色；按照同样的方法，设置其他的圆角矩形对象，并修改字体和颜色。

（7）选中第 1 个圆角矩形对象并右击，在弹出的快捷菜单中选择"超链接"，弹出"插入超链接"对话框，选择左侧的"本文档中的位置"，在右侧列表框中选择"12 成立联合国"，单击"确定"按钮；按照同样的方法，将第 2 个形状和第 3 个形状分别链接到"13 民族独立"和"14 两级阵营"两张幻灯片上。

（8）选中第 1 个圆角矩形对象，单击"动画"选项卡"动画"组中的"进入"→"劈裂"效果；选中第 2 个圆角矩形对象，按照同样方法，设置动画效果为"劈裂"，同时在"计时"组中将"开始"设置为"上一动画之后"，将"延迟"设置为"00.50"；选中第 3 个圆角矩形对象，按照上述同样方法，将动画效果设置为"劈裂"，同时将"计时"组中"开始"设置为"上一动画之后"，将"延迟"设置为"00.50"。

9. 插入动作按钮

（1）选中第 12 张幻灯片，单击"插入"选项卡"插图"组中的"形状"下拉按钮，在下拉列表中选择最后一行"动作按钮"中的"动作按钮：转到开头"，在幻灯片左侧绘制一个动作按钮图形，弹出"操作设置"对话框，切换到"鼠标悬停"选项卡，在"超链接到"中选择"幻灯片"，弹出"超链接到幻灯片"对话框，在"幻灯片标题"列表框中选择第 11 张幻灯片，单击"确定"按钮关闭对话框。

（2）选中插入的动作按钮，功能区将出现"绘图工具/形状格式"上下文选项卡，单击"大小"组右下角的"对话框启动器"按钮，弹出"设置形状格式"任务窗格。在"大小"组中将"高度"和"宽度"均调整为"2 厘米"，将"旋转"调整为"90"；在"位置"组中，将"水平位置"调整为"1.5 厘米"，将"垂直位置"调整为"15 厘米"。

（3）选中第 12 张幻灯片中设置完成的动作按钮，复制该对象，将其粘贴到第 13 和第 14 张幻灯片中。

（4）选中第 12～14 张幻灯片并右击，在弹出的快捷菜单中选择"隐藏幻灯片"。

10. 页眉和页脚设置

（1）单击"插入"选项卡"文本"组中的"幻灯片编号"按钮，弹出"页眉和页脚"对话框，在"幻灯片"选项卡中，勾选"幻灯片编号"和"标题幻灯片中不显示"复选框，单击"全部应用"按钮。

（2）打开"设计"选项卡，单击"自定义"组中的"幻灯片大小"下拉列表中的"自定义幻灯片大小"命令，弹出"幻灯片大小"对话框，将"幻灯片编号起始值"设置为"0"，单击"确定"按钮。

11．切换计时设置

（1）选中第 1 张幻灯片，单击"切换"选项卡"切换到此幻灯片"组中的"其他"下拉按钮，在下拉列表中选择一种合适的切换效果。

（2）在"计时"组中，勾选"设置自动换片时间"复选框，并将时间设置为"00:20.00"，设置完成后单击"计时"组中的"应用到全部"按钮。

（3）单击快速访问工具栏中的"保存"按钮，关闭当前演示文稿文件。

习题 11

一、思考题

1．动画设置中"进入""强调""退出"表示什么意思？

2．如何制作演示文稿中的动画？

3．如何设置一张幻灯片和所有幻灯片的切换方式？

二、操作题

1．打开素材文件"11.pptx"演示文稿，完成如下操作：

（1）把第 1 张幻灯片的切换效果设置为：百叶窗，水平。

（2）把第 2 张幻灯片的切换效果设置为：棋盘，自顶部。

（3）设置第 2 张幻灯片中的图片动画效果为：自左侧飞入。

（4）把演示文稿另存为"11_1.pptx"。

2．打开素材文件"11.pptx"演示文稿，完成如下操作：

（1）对第 1 张幻灯片中的"动画"，建立超链接，单击鼠标，链接到"最后一张幻灯片"。

（2）对第 2 张幻灯片中的图片建立超链接，单击鼠标，链接的 URL 为："Http://www.163.com/"。

（3）对第 4 张幻灯片中的"背景填充"建立超链接，单击鼠标，链接到"第一张幻灯片"。

（4）把演示文稿另存为"11_2.pptx"。

3．打开素材文件"11.pptx"演示文稿，完成如下操作：

（1）在演示文稿的第 2 张幻灯片中插入："基本形状：笑脸"，建立超链接，单击鼠标，链接到文件"11_2.pptx"。

（2）在演示文稿的第 3 张幻灯片插入："动作按钮：自定义"，添加文字："结束"，动作设置为：单击鼠标，超链接到"结束放映"。

（3）在演示文稿的第 4 张幻灯片中插入："动作按钮：上一张"，动作设置为：单击鼠标，超链接到"最近观看的幻灯片"。

（4）把演示文稿另存为"11_3.pptx"。

第 12 章 PowerPoint 演示文稿保护与输出

如果只想让人浏览演示文稿而不让其对文稿进行编辑修改，可以对演示文稿设置文档保护。PowerPoint 提供了多种保护、输出演示文稿的方法，用户可以将制作的演示文稿输出为多种形式，以满足在不同环境下的需要。

本章知识要点包括演示文稿的保护方法；演示文稿的幻灯片放映设置；演示文稿的输出设置与打印。

12.1 演示文稿的保护

保护 PowerPoint 2016 演示文稿，包括标记为最终状态，将演示文稿设为只读，防止别人修改文档内容；密码加密，为文档设置密码；按人员限制权限，安装 Windows 权限管理以限制权限；添加数字签名，添加可见或不可见的数字签名。

12.1.1 标记为最终状态

标记为最终状态将文档设为只读，具体步骤如下：
（1）打开需要设置的演示文稿。
（2）单击"文件"→"信息"命令。
（3）单击"保护演示文稿"下拉按钮，此时显示如图 12-1 所示。

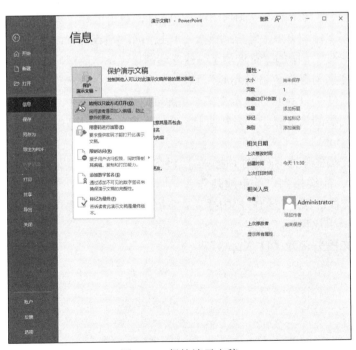

图 12-1 保护演示文稿

（4）选择"标记为最终"选项。将演示文稿标记为最终状态后，将禁用或关闭键入、编辑命令和校对标记，并且演示文稿将变为只读。"标记为最终"命令有助于让其他人了解到您正在共享已完成的演示文稿版本。该命令还可防止审阅者或读者无意中更改演示文稿。

12.1.2　用密码进行加密保护

用密码进行加密，为文档设置密码。在 Microsoft Office 中，可以使用密码防止其他人打开或修改文档、工作簿和演示文稿。

1．PowerPoint 2016 演示文稿设置密码

操作步骤如下：

（1）打开演示文稿。

（2）单击"文件"→"信息"命令。

（3）单击"保护演示文稿"按钮，此时显示如图 12-1 所示。

（4）选择"用密码进行加密"选项，弹出如图 12-2 所示的"加密文档"对话框。

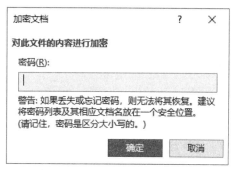

图 12-2　"加密文档"对话框

（5）在"密码"文本框中键入密码，然后单击"确定"按钮。

（6）在"确认密码"对话框中再次键入密码，然后单击"确定"按钮。

（7）若要保存密码，请保存文件。

2．在 PowerPoint 演示文稿中删除密码保护

操作步骤如下：

（1）使用密码打开演示文稿。

（2）单击"文件"→"信息"命令，再单击"保护演示文稿"按钮，最后选择"用密码进行加密"选项。

（3）在"加密文档"对话框的"密码"文本框中删除加密密码，然后单击"确定"按钮。

（4）保存演示文稿。

3．设置修改 PowerPoint 演示文稿密码

除了设置打开 PowerPoint 演示文稿密码外，还可以设置密码以允许其他人修改演示文稿。

（1）单击"文件"→"另存为"命令，单击"浏览"按钮，然后在"另存为"对话框的底部单击"工具"下拉按钮。

（2）在"工具"下拉列表中选择"常规选项"命令，如图 12-3 所示。打开"常规选项"对话框，如图 12-4 所示。

图 12-3   "另存为"对话框

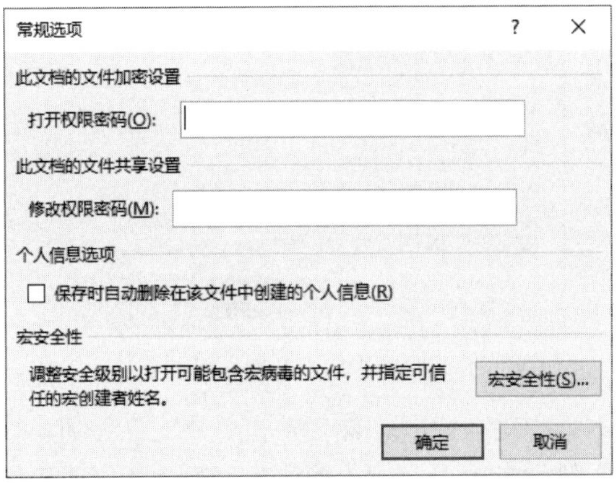

图 12-4   "常规选项"对话框

（3）在"此文档的文件共享设置"下方，在"修改权限密码"文本框中键入密码，然后单击"确定"按钮。

（4）在"确认密码"对话框中再次键入密码，单击"确定"按钮。

（5）单击快速访问工具栏中的"保存"按钮。

要删除修改密码，请重复这些步骤，然后从"修改权限密码"文本框中删除密码，单击"保存"按钮。

注意：Microsoft 不能取回丢失或忘记的密码，因此应将设置好的密码和相应文件名的列表存放在安全的地方。

12.1.3   按人员限制权限

安装 Windows 权限管理以限制权限。设置"限制访问"权限如图 12-5 所示。

使用 Windows Live ID 或 Microsoft Windows 账户可以限制权限。可以通过组织所用模板应用权限，也可以单击"限制访问"添加权限。

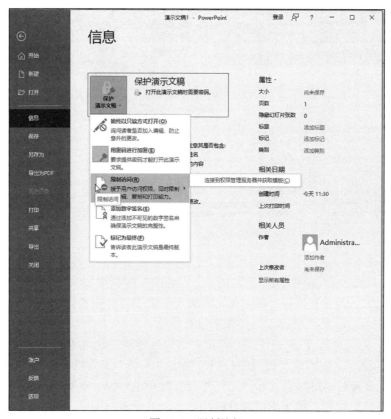

图 12-5　限制访问

12.1.4　添加数字签名

数字签名是使用计算机加密对文档、电子邮件和宏等数字信息进行身份验证。创建数字签名时需要键入签名或使用签名图像，以便确保真实性、完整性和不可否认性。

添加数字签名，可以添加可见或不可见的数字签名。

12.2　幻灯片放映设置

制作演示文稿的最终目的是为了放映，因此设置演示文稿的放映是重要的步骤。

12.2.1　设置放映时间

在放映幻灯片时可以为幻灯片设置放映时间间隔，这样可以达到幻灯片自动播放的目的。用户可以手工设置幻灯片的放映时间，也可以通过排练计时进行设置。

1. 手工设置放映时间

在幻灯片浏览视图下，选中要设置放映时间的幻灯片，然后勾选"切换"选项卡"计时"组中的"设置自动换片时间"复选框，在其后的文本框中设置好自动换片时间，如图 12-6 所示。

输入希望幻灯片在屏幕上的停留时间，比如 1 秒。如果将此时间应用于所有的幻灯片，则单击"应用到全部"按钮，否则只应用于选定的幻灯片。相应的幻灯片下方会显示播放时间。

图 12-6　设置自动换片时间

2．排练计时

演示文稿的播放，大多数情况下是由用户手动操作控制播放的，如果要让其自动播放，需要进行排练计时。为设置排练计时，首先应确定每张幻灯片需要停留的时间，它可以根据演讲内容的长短来确定，然后进行以下操作来设置排练计时。

切换到演示文稿的第 1 张幻灯片，单击"幻灯片放映"选项卡"设置"组中的"排练计时"按钮，进入演示文稿的放映视图中，同时弹出"录制"工具栏，如图 12-7 所示。在该工具栏中，幻灯片放映时间框将会显示该幻灯片已经滞留的时间。如果对当前的幻灯片播放不满意，则单击"重复"按钮，重新播放和计时。单击"下一步"按钮，播放下一张幻灯片。当放映到最后一张幻灯片后，系统会弹出"排练时间"提示框，如图 12-8 所示。该提示框显示整个演示文稿的总播放时间，并询问用户是否要使用这个时间。单击"是"按钮完成排练计时设置，则在幻灯片浏览视图下会看到每张幻灯片下显示了播放时间；单击"否"按钮取消所设置的时间。

图 12-7　"录制"工具栏

图 12-8　"排练时间"提示框

进行了排练计时后，如果播放时勾选"幻灯片放映"选项卡"设置"组中的"使用计时"复选框，如图 12-9 所示，则会按照排练好的计时自动播放幻灯片。

图 12-9　使用计时

12.2.2　幻灯片的放映

用户可以根据不同的需要采用不同的方式放映演示文稿，如果有必要还可以自定义放映。

1. 设置放映方式

单击"幻灯片放映"选项卡"设置"组中的"设置幻灯片放映"按钮，如图 12-10 所示。弹出"设置放映方式"对话框，如图 12-11 所示。PowerPoint 2016 为用户提供了 3 种放映类型：演讲者放映（全屏幕），用于演讲者自行播放演示文稿，这是系统默认的放映方式；观众自行浏览（窗口），是指幻灯片显示在小窗口中，用户可在放映时移动、编辑、复制和打印幻灯片；在展台浏览（全屏幕），适用于使用了排练计时的情况下，此时鼠标不起作用，按 Esc 键才能结束放映。

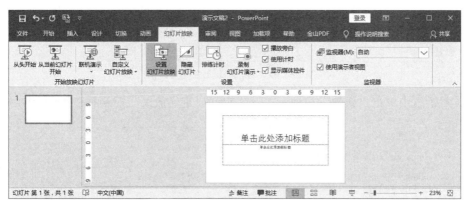

图 12-10　"设置幻灯片放映"按钮

图 12-11　"设置放映方式"对话框

在"放映选项"选项组中能够设置"循环放映，按 Esc 键结束""放映时不加旁白""放映时不加动画"等选项。

"放映幻灯片"选项组可以设置幻灯片的放映范围，默认时为"全部"。

2. 自定义放映

默认情况下，播放演示文稿时幻灯片按照在演示文稿中的先后顺序从第一张向最后一张进行播放。PowerPoint 2016 提供了自定义放映的功能，使用户可以从演示文稿中挑选出若干幻灯片进行放映，并自己定义幻灯片的播放顺序。

单击"幻灯片放映"选项卡"开始放映幻灯片"组中的"自定义幻灯片放映"按钮，打开"自定义放映"对话框，如图 12-12 所示。

图 12-12　"自定义放映"对话框

在该对话框中单击"新建"按钮，打开"定义自定义放映"对话框，如图 12-13 所示。

图 12-13　"定义自定义放映"对话框

在"幻灯片放映名称"文本框中输入自定义放映的名称。"在演示文稿中的幻灯片"列表框中列出了当前演示文稿中的所有幻灯片的名称，选择其中要放映的幻灯片，单击"添加"按钮，将其添加到"在自定义放映中的幻灯片"列表框中。

利用列表框右侧的向上、向下箭头按钮可以调整幻灯片播放的先后顺序。要将幻灯片从"在自定义放映中的幻灯片"列表框中删除，先选中该幻灯片的名称，然后单击"删除"按钮即可。完成所有设置后，单击"确定"按钮返回"自定义放映"对话框，此时新建的自定义放映的名称将出现在其中的列表中。用户可以同时定义多个自定义放映，并利用此对话框上按钮对已有的自定义放映进行编辑、复制或修改。单击"放映"按钮，即可放映。

3. 隐藏部分幻灯片

如果文稿中某些幻灯片只提供给特定的对象，则不妨先将其隐藏起来。

切换到"幻灯片浏览"视图下，选中需要隐藏的幻灯片并右击，在弹出的快捷菜单中选择"隐藏幻灯片"选项；或者单击"幻灯片放映"选项卡"设置"组中的"隐藏幻灯片"按钮，播放时，该幻灯片将不显示。如果要取消隐藏，只需再执行一次上述操作。

4．放映演示文稿

当演示文稿中所需幻灯片的各项播放设置完成后，即可放映幻灯片观看其放映效果。

（1）启动演示文稿放映。启动演示文稿放映的方法有以下 3 种：

1）单击"幻灯片放映"选项卡"开始放映幻灯片"组中的"从头开始"按钮。

2）单击 PowerPoint 窗口底部状态栏中的"幻灯片放映"按钮 。

3）按 F5 快捷键。

如果将幻灯片的切换方式设置为自动，则幻灯片按照事先设置好的自动顺序切换；如果将切换方式设置为手动，则需要用户单击鼠标或使用键盘上的相应键切换到下一张幻灯片。

（2）控制演示文稿放映。在放映演示文稿时，右击幻灯片，弹出"幻灯片放映"快捷菜单，如图 12-14 所示。"指针选项"子菜单设置演示过程中的标记，如设置笔、墨迹颜色、橡皮擦和有关箭头选项。

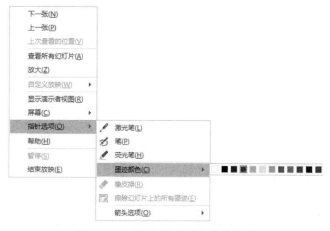

图 12-14　"幻灯片放映"快捷菜单

（3）停止演示文稿放映。演示文稿播放完后，会自动退出放映状态，返回 PowerPoint 2016 的编辑窗口。如果希望在演示文稿放映过程中停止播放，有以下两种方法：

1）在幻灯片放映过程中右击，在弹出的快捷菜单中选择"结束放映"命令。

2）如果幻灯片的放映方式设置为"循环放映"，则按 Esc 键退出放映。

12.3　演示文稿的输出

PowerPoint 提供了多种保存和输出演示文稿的方法，用户可以将制作出来的演示文稿输出为多种形式，以满足不同环境下的需要。本节将介绍打印输出和打包演示文稿。

12.3.1　打印演示文稿

在 PowerPoint 2016 中，演示文稿制作好以后，不仅可以在计算机上展示最终效果，还可以将演示文稿打印出来长期保存。PowerPoint 的打印功能非常强大，它可以将幻灯片打印到纸上，也可以打印到投影胶片上通过投影仪来放映，还可以制作成 35mm 的幻灯片通过幻灯机来放映。演示文稿可以打印成幻灯片、讲义、备注页、大纲等形式。

在打印演示文稿之前，应先进行幻灯片大小设置和打印机的设置工作。

1. 幻灯片大小

在打印演示文稿之前，需要先进行幻灯片大小的设置。打开"设计"选项卡，单击"自定义"组中的"幻灯片大小"下拉列表中的"自定义幻灯片大小"命令，如图 12-15 所示。弹出"幻灯片大小"对话框，如图 12-16 所示。

图 12-15 自定义幻灯片大小命令

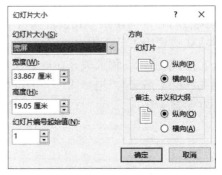

图 12-16 "幻灯片大小"对话框

在该对话框中可以设置幻灯片大小，分别针对"幻灯片"和"备注、讲义和大纲"设置打印方向，单击"确定"按钮，设置完毕。

2. 打印设置

打印之前，如果需要对打印范围、打印内容进行设置，则单击"文件"→"打印"命令，出现"打印"任务窗格，如图 12-17 所示。

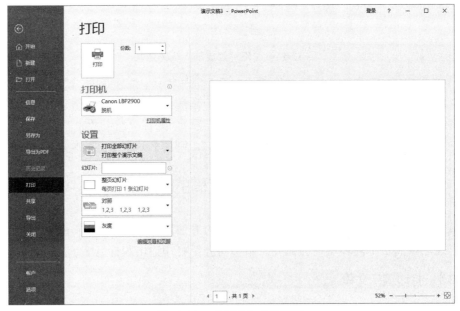

图 12-17 "打印"任务窗格

选择要使用的打印机名称，设置打印范围、打印份数等。

单击"打印"按钮即可开始打印。

12.3.2 打包演示文稿

打包演示文稿，就是把演示文稿打包成一个文件夹，把整个文件夹转移到其他没有 Office 软件的计算机上也能被打开。按照下列步骤可通过创建 CD 在另一台计算机上进行幻灯片放映。

在打包演示文稿之前，先检查演示文稿中是否存在隐藏的数据和个人信息，然后决定这些信息是否适合包含在复制的演示文稿中。隐藏的信息可能包括演示文稿创建者的姓名、公司的名称，以及其他可能不希望外人看到的机密信息。另外还要检查演示文稿中是否存在设置为不可见格式的对象或隐藏幻灯片。

（1）打开要复制的演示文稿，如果正在处理尚未保存的新演示文稿，则先保存该演示文稿。

（2）单击"文件"→"导出"命令，如图 12-18 所示。

图 12-18 "导出"任务窗格

（3）选择"将演示文稿打包成 CD"选项，然后在右窗格中单击"打包成 CD"按钮。

12.4 应用案例——演示文稿放映设置

12.4.1 案例描述

对演示文稿"圆明园.pptx"进行如下设置：

（1）为所有幻灯片设置自动换片，换片时间为 5 秒。

（2）为除首张幻灯片之外的所有幻灯片添加编号，编号从"1"开始。

（3）设置打印内容为"讲义""2 张幻灯片"，幻灯片加边框。

（4）为文稿加密码"123456"。

12.4.2 案例操作步骤

1. 幻灯片自动换片设置

在"切换"选项卡下，勾选"计时"组中的"设置自动换片时间"复选框，在右侧的文本框中设置换片时间为 5 秒，单击"计时"组中的"全部应用"按钮，如图 12-19 所示。

图 12-19　设置自动换片时间

2. 为幻灯片添加编号

（1）选中第 1 张幻灯片，在"设计"选项卡下，单击"自定义"组中的"幻灯片大小"下拉列表中的"自定义幻灯片大小"命令，弹出"幻灯片大小"对话框，将"幻灯片编号起始值"设置为"0"，如图 12-20 所示，单击"确定"按钮。

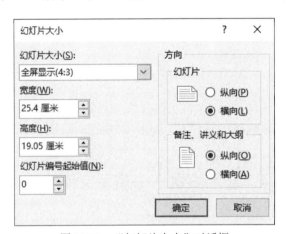

图 12-20　"幻灯片大小"对话框

（2）单击"插入"选项卡"文本"组中的"幻灯片编号"按钮，弹出"页眉和页脚"对话框，勾选"幻灯片编号"和"标题幻灯片中不显示"复选框，如图 12-21 所示，单击"全部应用"按钮。

图 12-21　"页眉和页脚"对话框

3. 设置打印内容

单击"文件"→"打印"命令，出现"打印"任务窗格，如图 12-22 所示，选择"讲义"中的"2 张幻灯片"，勾选"幻灯片加框"复选框。

图 12-22　"打印"任务窗格

4. 为文稿加密码

单击"文件"→"信息"命令；在"权限"栏中单击"保护演示文稿"下拉按钮，在下列表单中选择"用密码进行加密"选项；弹出"加密文档"对话框，在"密码"文本框中键入密码，单击"确定"按钮；在"确认密码"对话框中，再次键入密码，然后单击"确定"按钮。

习题 12

一、思考题

1．如何设置幻灯片的高和宽？
2．如何加密演示文稿？
3．如何打包演示文稿？

二、操作题

1．根据素材文件"百合花.docx"制作演示文稿，具体要求如下：
（1）幻灯片不少于 5 页，选择恰当的版式并且版式要有变化。
（2）第 1 页上要有艺术字形式的"百年好合"字样。有标题页，有演示主题，并且演示文稿中的幻灯片至少要有两种以上的主题。
（3）幻灯片中除了有文字外还要有图片。
（4）采用由观众手动自行浏览方式放映演示文稿，动画效果要贴切，幻灯片切换效果要恰当、多样。
（5）在放映时要全程自动播放背景音乐。
（6）将制作完成的演示文稿以"百合花.pptx"为文件名进行保存。
2．某公司新员工入职，需要对他们进行入职培训。为此，人事部门负责此事的小吴制作了一份入职培训的演示文稿。但人事部经理看过之后，觉得文稿整体做得不够精美，还需要再美化一下。请根据提供的"入职培训.pptx"文件对制作好的文稿进行美化，具体要求如下：
（1）将第 1 张幻灯片设为"垂直排列标题与文本"，将第 2 张幻灯片设为"标题和竖排文字"，第 4 张幻灯片设为"比较"。
（2）为整个演示文稿指定一个恰当的设计主题。
（3）通过幻灯片母版为每张幻灯片增加利用艺术字制作的水印效果，水印文字中应包含"员工守则"字样，并旋转一定的角度。
（4）为第 3 张幻灯片左侧的文字"必遵制度"加入超链接，链接到 Word 素材文件"必遵制度.docx"。
（5）根据第 5 张幻灯片左侧的文字内容创建一个组织结构图，结果应类似 Word 样例文件"组织结构图样例.docx"中所示，并为该组织结构图添加"轮子"动画效果。
（6）为演示文稿设置不少于 3 种幻灯片切换方式。
（7）将制作完成的演示文稿"入职培训.pptx"进行保存。
3．打开已有的演示文稿"yswg.pptx"，按照下列要求完成对此文稿的制作。
（1）使用"暗香扑面"演示文稿设计主题修饰全文。
（2）将第 2 张幻灯片版式设置为"标题和内容"，把这张幻灯片移为第 3 张幻灯片。
（3）为 3 张幻灯片设置动画效果。
（4）要有两个超链接进行幻灯片之间的跳转。
（5）演示文稿播放的全程需要有背景音乐。

（6）将制作完成的演示文稿以"bx.ppttx"为文件名进行保存。

4．请根据提供的"入职培训.pptx"文件对制作好的文稿进行美化，具体要求如下：

（1）将第 1 张幻灯片设为"节标题"，并在其中插入一幅人物剪贴画。

（2）为整个演示文稿指定一个恰当的设计主题。

（3）为第 2 张幻灯片上面的文字"公司制度意识架构要求"加入超链接，链接到 Word 素材文件"公司制度意识架构要求.docx"。

（4）在该演示文稿中创建一个演示方案，该演示方案包含第 1、3、4 张幻灯片，并将该演示方案命名为"放映方案 1"。

（5）为演示文稿设置不少于 3 种幻灯片切换方式。

（6）将制作完成的演示文稿以"入职培训.pptx"为文件名进行保存。

5．为了更好地控制教材编写的内容、质量和流程，小李负责起草了图书策划方案。他将图书策划方案 Word 文档中的内容制作成了可以向教材编委会进行展示的 PowerPoint 演示文稿。现在，请你根据已制作好的演示文稿"图书策划方案.pptx"，完成下列要求：

（1）为演示文稿应用一个美观的主题样式。

（2）将演示文稿中的第 1 张幻灯片调整为"仅标题"版式，并调整标题到适当的位置。

（3）在标题为"2012 年同类图书销量统计"的幻灯片中插入一个 6 行 6 列的表格，列标题分别为"图书名称""出版社""出版日期""作者""定价""销量"。

（4）为演示文稿设置不少于 3 种幻灯片切换方式。

（5）在该演示文稿中创建一个演示方案，该演示方案包含第 1、3、4、6 张幻灯片，并将该演示方案命名为"放映方案 1"。

（6）演示文稿播放的全程需要有背景音乐。

（7）保存制作完成的演示文稿，并将其名命为"PowerPoint.pptx"。

参考文献

[1] 牛莉，刘卫国．Office 高级应用实用教程[M]．北京：中国水利水电出版社，2019．

[2] 教育部考试中心．全国计算机等级考试二级教程——MS Office 高级应用与设计[M]．北京：高等教育出版社，2022．